中华精神家园

古迹奇观

水利古貌

古代水利工程与遗迹

肖东发 主编　衡孝芬 编著

中国出版集团

现代出版社

图书在版编目（CIP）数据

水利古貌：古代水利工程与遗迹 / 衡孝芬编著. —
北京：现代出版社，2014.5（2019.1重印）
ISBN 978-7-5143-2337-5

Ⅰ．①水… Ⅱ．①衡… Ⅲ．①水利工程－介绍－中国
－古代 Ⅳ．①TV-092

中国版本图书馆CIP数据核字(2014)第057005号

水利古貌：古代水利工程与遗迹

主　　编：肖东发
作　　者：衡孝芬
责任编辑：王敬一
出版发行：现代出版社
通信地址：北京市定安门外安华里504号
邮政编码：100011
电　　话：010-64267325 64245264（传真）
网　　址：www.1980xd.com
电子邮箱：xiandai@cnpitc.com.cn
印　　刷：北京密兴印刷有限公司
开　　本：710mm×1000mm　1/16
印　　张：11
版　　次：2015年4月第1版　2019年1月第2次印刷
书　　号：ISBN 978-7-5143-2337-5
定　　价：40.00元

党的十八大报告指出："文化是民族的血脉，是人民的精神家园。全面建成小康社会，实现中华民族伟大复兴，必须推动社会主义文化大发展大繁荣，兴起社会主义文化建设新高潮，提高国家文化软实力，发挥文化引领风尚、教育人民、服务社会、推动发展的作用。"

我国经过改革开放的历程，推进了民族振兴、国家富强、人民幸福的中国梦，推进了伟大复兴的历史进程。文化是立国之根，实现中国梦也是我国文化实现伟大复兴的过程，并最终体现为文化的发展繁荣。习近平指出，博大精深的中国优秀传统文化是我们在世界文化激荡中站稳脚跟的根基。中华文化源远流长，积淀着中华民族最深层的精神追求，代表着中华民族独特的精神标识，为中华民族生生不息、发展壮大提供了丰厚滋养。我们要认识中华文化的独特创造、价值理念、鲜明特色，增强文化自信和价值自信。

如今，我们正处在改革开放攻坚和经济发展的转型时期，面对世界各国形形色色的文化现象，面对各种眼花缭乱的现代传媒，我们要坚持文化自信，古为今用、洋为中用、推陈出新，有鉴别地加以对待，有扬弃地予以继承，传承和升华中华优秀传统文化，发展中国特色社会主义文化，增强国家文化软实力。

浩浩历史长河，熊熊文明薪火，中华文化源远流长，滚滚黄河、滔滔长江，是最直接的源头，这两大文化浪涛经过千百年冲刷洗礼和不断交流、融合以及沉淀，最终形成了求同存异、兼收并蓄的辉煌灿烂的中华文明，也是世界上唯一绵延不绝而从没中断的古老文化，并始终充满了生机与活力。

中华文化曾是东方文化摇篮，也是推动世界文明不断前行的动力之一。早在500年前，中华文化的四大发明催生了欧洲文艺复兴运动和地理大发现。中国四大发明先后传到西方，对于促进西方工业社会的形成和发展，曾起到了重要作用。

中华文化的力量，已经深深熔铸到我们的生命力、创造力和凝聚力中，是我们民族的基因。中华民族的精神，也已深深植根于绵延数千年的优秀文化传统之中，是我们的精神家园。

总之，中华文化博大精深，是中国各族人民五千年来创造、传承下来的物质文明和精神文明的总和，其内容包罗万象，浩若星汉，具有很强的文化纵深，蕴含丰富宝藏。我们要实现中华文化伟大复兴，首先要站在传统文化前沿，薪火相传，一脉相承，弘扬和发展五千年来优秀的、光明的、先进的、科学的、文明的和自豪的文化现象，融合古今中外一切文化精华，构建具有中国特色的现代民族文化，向世界和未来展示中华民族的文化力量、文化价值、文化形态与文化风采。

为此，在有关专家指导下，我们收集整理了大量古今资料和最新研究成果，特别编撰了本套大型书系。主要包括独具特色的语言文字、浩如烟海的文化典籍、名扬世界的科技工艺、异彩纷呈的文学艺术、充满智慧的中国哲学、完备而深刻的伦理道德、古风古韵的建筑遗存、深具内涵的自然名胜、悠久传承的历史文明，还有各具特色又相互交融的地域文化和民族文化等，充分显示了中华民族的厚重文化底蕴和强大民族凝聚力，具有极强的系统性、广博性和规模性。

本套书系的特点是全景展现，纵横捭阖，内容采取讲故事的方式进行叙述，语言通俗，明白晓畅，图文并茂，形象直观，古风古韵，格调高雅，具有很强的可读性、欣赏性、知识性和延伸性，能够让广大读者全面接触和感受中国文化的丰富内涵，增强中华儿女民族自尊心和文化自豪感，并能很好继承和弘扬中国文化，创造未来中国特色的先进民族文化。

2014年4月18日

神州第一塘——安徽安丰塘

孙叔敖致力兴修水利 002

公孙祠以及相关的传说 013

古代水利明珠——广西灵渠

020 修筑的历史和主体建筑

038 古桥的文化及传说故事

地下大运河——新疆坎儿井

050 征服自然的人间奇迹

059 充满趣味的坎儿井文化

中国威尼斯——京杭大运河

历代开凿的史实缘由　074

给人启迪的文化内涵　090

世界水利奇观——关中郑国渠

108　十年建造中的一波三折

117　历史久远的渠首和沿革

水利文化鼻祖——四川都江堰

124　古往今来的沧桑历史

144　具有丰富内涵的古堰风韵

安徽安丰塘

安丰塘是我国水利史上最早的大型陂塘灌溉工程，选址科学，工程布局合理，水源充沛。它的建造对后世大型陂塘水利工程提供了宝贵的经验。千百年来，安丰塘在灌溉、航运、屯田济军等方面起过重要作用。

安丰塘塘堤周长25千米，面积34平方千米，蓄水量1亿立方。放水涵闸19座，灌溉面积93万亩。安丰塘位于安徽省寿县县城南30千米处，与漳河渠、都江堰和郑国渠并称为我国古代著名的四大水利工程，被誉为"神州第一塘"。

孙叔敖致力兴修水利

在安徽省寿县城南35千米处，有一烟波浩渺的大塘，周长60千米，人称"安丰塘"。传说很久以前，这里是一个县城，因城民贪吃龙肉而触犯天庭，天庭震怒，顷刻间就将城池夷为泽国。

孙叔敖画像

秋冬季节，逢大雾弥漫天气，塘上空水、灰、气、光竞合成海市蜃楼，城郭的倒影偶尔出现，影影绰绰，朦朦胧胧，颇有些神奇。

传说几千年前，东海有一条懒龙，顽皮成性，怠于劳作，被龙王罚下凡尘闭门思过。俗话说："虎落平阳被犬欺，龙入浅滩被虾戏"，一向在天际自由自在遨游的蛟龙，到了人间便陷入了困境，费力地在大塘大堰囚伏着，甚是狼狈。

■ 安徽寿县古城墙

不久，安丰城附近的居民发现了它。面对这个貌似鲶鱼的庞然大物，人们怎么也不会想到它是天庭之物，于是大家决定同心协力将其宰杀，先将龙头割锯下来，再一刀一刀地把龙肉剐下，凡参加者和劳者都有其肉。

千户人家，除了一户李姓以外，都吃了龙肉，一时间城内炊烟袅袅，肉肴飘香，笑语声声，一片喜庆祥和的气氛。

被丢弃的龙头，被重重地压在大地上，殷红的龙血一点一点渗入地层，这样惊动了土地爷。土地爷见状吓得魂飞天外，龙王接到懒龙被宰割的消息后，悲恸地向玉帝禀报，请求玉帝对凡间不知天高地厚的百姓进行惩治。

玉帝不动声色地听着汇报，最后拍板说："龙为人间造福，没曾想却遭到如此毒手，是可忍，孰不可忍。只是，要注意不能滥杀无辜。"

于是玉帝就派天兵天将，扮成乞丐逐门逐户讨饭

天兵天将 天界中的将领和士兵，他们的主要作用是卫护天宫，维护佛法，下界降妖除魔。通常，天将大多穿着华丽的金甲，身体周围有五彩霞光缭绕，身体也非常魁梧，显得华丽和稳重。天兵也个个具有神力，他们通常听从天将的调遣。

吃，讨水喝，以嗅该户人家是否吃过龙肉。

在李姓家中，"乞丐"发现没有龙肉的味道，便告诉李家人："城南门有一对石狮，在7天内石狮眼睛会发红，一旦发红将天灾降临，你家每天要安排人密切注视，天象显现马上搬出城外，此乃天机，不可泄露，否则自身也将难保……"

李姓人噤若寒蝉地听着，不住地点头，眼见着"乞丐"化为一朵白云，腾空而去，这才松了一口气。

第七天的早晨，天气异常地沉闷，东方太阳血红血红的，李家老大走到石狮跟前，蓦地发现石狮微动，眼睛泛红，向外慢慢渗着血水，于是大呼不好，赶忙转身就往家跑，并带领着家人向城北方向急奔而去。

他们刚走出城北外墙，只觉天黑地动，一趔趄摔在地上，正在发愣，忽然一阵狂风将几人推出千米开外，在电闪雷鸣倾盆大雨中，城郭一下子陷入地层，白花花的水咆哮着泛上来，顿时一片汪洋，安丰塘便形成了。

其实，这只是个传说。但是，春秋时期的孙叔敖，真的十分热心水利事业，主张采取各种水利工程措施，兴修水

孙叔敖塑像

■孙叔敖纪念馆

利，为民造福。

他主张：

> 宣导川谷，陂障源泉，灌溉沃泽，堤防湖浦以为池沼，
> 钟天地之爱，收九泽之利，以殷润国家，家富人喜。

他带领人民大兴水利，修堤筑堰，开沟通渠，发展农业生产和航运事业，为楚国的政治稳定和经济繁荣做出了巨大的贡献。他亲自主持兴办了期思雩娄灌区和安丰塘等重要水利工程。

公元前605年，孙叔敖主持兴建了我国最早的大型引水灌溉工程期思雩娄灌区。在史河东岸凿开石嘴头，引水向北，称为"清河"。之后又在史河下游东岸开渠，向东引水，称为"堪河"。

利用这两条引水河渠，灌溉史河和泉河之间的土地。因清河长45

令尹 是楚国在春秋战国时代的最高官衔，是掌握政治事务，发号施令的最高官，其执掌一国之国柄，身处上位，以率下民，对内主持国事，对外主持战争，总揽军政大权于一身。历史上，令尹主要由楚国贵族当中的贤能来担任，而且多为芈姓之族。

千米，堪河长20千米，共65千米，灌溉有保障，被后世称为"百里不求天灌区"。

经过后来的不断续建和扩建，灌区内有渠有陂，引水入渠，由渠入陂，开陂灌田，形成了一个"长藤结瓜"式的灌溉体系。

这一灌区的兴建，大大改善了当地的农业生产条件，提高了粮食产量，满足了楚庄王开拓疆土对军粮的需求。

因此，《淮南子》称：

孙叔敖决心思之水，而灌雩娄之野，庄王知其可以为令尹也。

■ 芍陂纪念碑

楚庄王知人善任，深知水利对于治理国家的重要，任命治水专家孙叔敖担任令尹的职务。

孙叔敖当上了楚国的令尹之后，继续推进楚国的水利建设，发动人民"于楚之境内，下膏泽，兴水利"。在公元前597年前后，又主持兴办了我国最早的蓄水灌溉工程，这就是安丰塘。

工程在安丰城附近，位于大别山的北麓余脉，东、南、西三面地势较高，北面地势低洼，向淮河倾斜，呈弧形状展开。北坡的水都向寿县南部的低洼地汇集，然后经寿县一带流入淮河。

所以每当夏季和秋季的雨季时，山洪暴发，各路洪水齐下，这里便很容易发生洪涝灾害，而一旦雨少又很容易干旱。这一地区是楚国主要的农业区，所以楚国十分重视在这里兴修水利，芍陂就是在这种背景下修建的。

■ 孙叔敖雕像

芍陂把周围丘陵山地流泄下来的水汇集贮存，以便及时灌溉周围的大片良田。

因为此陂是引淠水经白芍亭东蓄积而成，所以得名为"芍陂"。

芍陂建成之后，周围约有二三百千米，其范围大约在寿县的淠河和瓦埠湖之间，南起众兴镇附近的贤姑墩，北至安丰铺和老庙集一带，可灌溉良田约667多平方千米。

起初芍陂的水源仅来自丘陵地区，水量并不是很充足，而在它的西面有一条淠河，水量十分丰富。

后来，人们挖掘了一条子午渠，引淠河水入陂，使得芍陂的水源更有保证，同时还起到调节滞蓄淠河洪水的作用，减少了洪涝灾害，使它对周围地区农业

淠河 古称比水，两河口以上分两支，西支称西淠河，东支称东淠河；两河口以下至正阳关入淮为本干，称淠河；其上以东淠河为主源。流域范围：东界东淝河，西邻汲河，南依大别山脉北麓，北达淮河。流域面积6000平方千米。此外，西淠河古称湄水，也叫西河、麻步川。

的发展发挥出更大的作用，使芍陂达到了"灌田万顷"的规模。

相传，在北堤还建造了不少闸坝。闸坝在一条泄水沟的上面，用一层草一层黑色胶质泥相间迭筑而成。其中有排列整齐的栗树木桩，草层顺水方向散放，厚度基本相同。

闸坝前有一个水潭，水潭前有一道树木纵横错叠的拦水坝。该闸坝为一蓄泄兼顾，以蓄为主的水利工程。在缺水的时期，可以把大量的水蓄在塘内，但又能使少量水经草层滴泄到坝前水潭内，使之有节制地流至田间，灌溉农田。

闸坝的结构与《后汉书》记载的王景修浚仪渠时所用的"坞流法"颇相一致。

此外，后世的人们还在闸坝内发现了大量的"都水官"铁锤、其他铁器以及"半两""五铢""货泉""大泉五十"等货币。

芍陂建成后，使安丰一带每年都生产出大量的粮食，并很快成为楚国的经济要地。从而使楚国更加强大起来，打败了当时实力雄厚的晋国军队，楚庄王也一跃成为"春秋五霸"之一。

300多年后，即公元前241年，楚国被秦国打败，考烈王便把都城迁到这里，并把寿春改名为"郢"。这固然是出于军事上的需要，也是由于水利奠定了这

■曹操画像

曹操（155年—220年），沛国谯人，三国时期政治家、军事家、文学家、书法家。曹操在世时，以汉天子的名义征讨四方，对内消灭二袁、吕布、刘表、韩遂等割据势力，对外降服南匈奴、乌桓、鲜卑等，统一了我国北方，后为魏王，去世后谥号为武王。其子曹丕称帝后，追尊为武皇帝。

里的重要经济地位。

由于芍陂的军事价值，三国时期，魏国和吴国曾多次交战于此，由战国至汉代的500多年间，芍陂因为年久不修而逐渐荒废。直至公元83年时，才由著名的水利专家庐江太守王景主持进行了芍陂自建成后的第一次修缮。

后世的人们还曾在这里发现了汉代草土混合而筑的桩坝及纵横排列的叠梁坝，可以起滚水作用，从而对放水规模加以控制，既坚固又符合科学原理。

曹魏时，曹操为了增强自己的实力以与吴蜀对抗，故而非常重视芍陂的兴修。209年，曹操带兵驻守合肥，"开芍陂屯田"。

尤其是241年，邓艾重新修缮芍陂，使其蓄水能力和灌溉的面积得到空前的增大。

在此之后，西晋、东晋、南朝、隋、唐、宋、元各代都对勺陂进行过修缮。至明代，芍陂虽然也多次修缮，但是规模都不大，陂内的淤塞日益严重。至清代的光绪年间，芍陂的淤塞已经极为严重，陂的作用已经很小。

■寿县安丰塘纪念碑

芍陂经过历代的修缮，一直发挥着巨大效益。东晋时期因灌区连年丰收，于是改名为"安丰塘"。

芍陂成为淠史杭灌区的重要组成部分，灌溉面积达到4万余公顷并有防洪、除涝、水产、航运等综合效益，促进了当地经济的发展和繁荣。

安丰塘环境清新而幽雅。良田万顷、水渠如网，环塘一周，绿柳如带，烟波浩渺，水天一色。造型秀雅的庆丰亭点缀在湖波之上，与花开四季的塘中岛相映成趣，构成了一幅精美的蓬莱仙阁图。

安丰塘的水源来自于大别山，大别山的水流通过淠东干渠源源流入安丰塘。

淠东干渠原称"老塘河"，老塘河连接于安丰塘这一段河流又宽又深，人称"喇叭店"或"驴马店"。这其中有一段鲜为人知的故事。

在很久的时候，这里原本是个集镇，世代居住在这里的人们或耕织，或经商，各得其所。但是因集镇建在老塘河边上，河流无法拓宽，当地非旱即涝，人们生活十分贫苦。

在这个集镇上，有一个专做驴马贩卖生意的居民叫张子和。由于

■ 安徽寿县护城河

当时交通、碾谷、农业生产都需要驴马出力，生意非常好。每年冬闲季节，张子和从北方购买驴马，赶到安丰塘畔来，转手一卖就能赚上一大笔钱。

在发了财以后，张子和更是不拘一格地做起了各种生意，集镇上的各类买卖中有一大半都是他家开办的，不知道从何时起，约定俗成，人们便把这里称作"驴马店"。

这一年春，安丰塘畔又因老塘河年久失修，无法引水，百姓眼瞅着庄稼要下种，但土地干得冒烟，这可怎么办呢？

正在此时，张子和突然得了一种奇怪的重病。他的家人请尽各方名医，找遍各处郎中，大家都是摇摇头，谁也诊断不出张子和这种成天不能吃、不能喝、头脑昏昏沉沉、心中焦躁难耐的病症到底是因何而引起的。

这一日夜里，张子和意外地平静下来，很快沉入了梦乡，家人不敢惊动，四下散去。

慢慢地张子和在睡梦中好似闻到一股奇异的芳香，见到一位美丽的仙女从半掩的窗口飘然而至，来到身边对他说："我是安丰塘的荷花仙子，今天特为你的病而来。你想想看，安丰塘畔土地肥沃，人民本该丰衣足食，但偏偏因水源受阻，庄稼十年九不收。大伙都难以生活，你又怎能幸免？如果大伙的愁苦都没了，你的病也就痊愈了。"

仙女说完，便要离去，张子和一见，慌忙起身欲

■ 孙叔敖塑像

集镇 这里指的是我国古代乡镇上的小型集市。是指定期聚集进行的商品交易活动形式。主要指在商品经济不发达的时代和地区普遍存在的一种贸易组织形式。集镇起源于史前时期人们的聚集交易，以后常出现在宗教节庆、纪念集会上和圣地，并常附带民间娱乐活动。

探究竟。那荷花仙子回眸粲然一笑，随手扔过一件东西，张子和闪身一把接住，不由惊出一身冷汗，惊醒过来，原来不过是南柯一梦。

但他的手中也确实紧紧攥住一件东西，松开一看：呵，是一粒硕大的、香喷喷的莲籽。其香沁入心脾之中，张子和顿觉一反常态，身体好了许多。他细细回味梦中之事，心中突然有了主意。

第二天，张子和开始查勘旱情和地势，然后把店铺的伙计都召集起来，说："我决定在此地修建一条河道，我准备把所有的店铺都迁移到别处去，这事由你们去办。另外，还要通知这里所有的居民搬离此地，一切花费由我承担。"

众人一听，交口称赞这是件恩泽子孙的大好事，马上高高兴兴照办去了。

张子和召集来民工，立即投入到紧张的河道疏浚工程中来。未用半月时间，驴马店段一条宽宽的、深深的、呈喇叭形的崭新河道疏浚成功了。上游的河水，滚滚流入安丰塘内。

从此，安丰塘畔旱涝保收，人们安居乐业。

说也奇怪，自从这段河流建成之后，张子和奇怪的病症竟然也不知不觉地好了，并且从此再也没有复发过。

阅读链接

大禹与三苗的战争，古史多有记载。《战国策·魏策一》记载："三苗之居，左彭蠡之波，右有洞庭之水；文山在其南，而衡山在其北。恃其险也，为政不善，而禹放逐之。"三苗与中原华夏族有过长期的激烈的冲突。这种战争大约自尧、舜直至禹。大禹时曾与三苗发生过长期的战争，而且以大禹取胜告终。

大禹在征伐三苗以后，曾获得一个相对安定的时期。由于在战争中势力大大增加，取得了大量的财富，为部落的兴盛打下了雄厚基础。

公孙祠以及相关的传说

　　为了感戴孙叔敖的恩德，后代在芍陂等地建祠立碑，称颂和纪念他的历史功绩。孙公祠，又名"楚相祠""芍陂祠"和"孙叔敖祠"，坐落于安丰塘水库北堤脚下，是为祭祀孙叔敖创建芍陂而立。

孙公祠

■ 孙公祠还清阁

《吕氏春秋》
是战国末年秦国
丞相吕不韦组织
属下门客们集体
编撰的集儒学、
法学、道学为一
体的杂家著作，
又名《吕览》，
是一部古代类百
科全书似的传世
巨著，有八览、
六论、十二纪，
共计20多万言。
吕不韦自己认
为，此书中包括
了天地万物、古
往今来的事理，
所以号称《吕氏
春秋》。

据《水经注》"肥水"篇记载："水北迳孙叔敖祠下"，可知孙叔敖祠始建最迟不会晚于北魏。

孙公祠原有"殿庑门阁凡九所二十八间，僧舍三所九间，户牖五十有七户"。据清代《孙公祠庙记》，至清乾隆年间，孙公祠经过历代多次修缮，形成一套完整的祠宇。

祠内正殿供奉着孙叔敖的石像，这位"三进相而不喜，三罢相而不悔"的楚国贤相，正面向南端坐，神态肃然，就此目睹着陂塘的历代兴衰和风云变幻。

后来由于风云变幻，孙公祠仅存大殿、还清阁、崇报门楼，雕梁画栋，古色古香。祠前有千年古柏一棵，苍劲挺拔。

祠内存有《重修安丰塘碑记》和《安丰塘图》等历代碑碣19通，或示古代陂塘位置、水源、水闸及灌区概况，或记古人与塘之功过。

这些碑碣，在水利科学文化史上，占有重要地位，具有很高价值。其碑刻书法艺术，也被名家称为"古塘文化之一绝"。

孙叔敖所以能成功地建造安丰塘水利工程，与他克己奉公，廉洁勤政的作风是分不开的。孙叔敖是古代为官清正廉洁的典范。

孙叔敖在任令尹期间，三上三下，升迁和恢复职位时不沾沾自喜，失去权势时不悔恨叹息。孙叔敖作为令尹，权力在一人之下，万人之上，但他轻车简从，吃穿简朴，妻儿不衣帛，连马都不食粟。

司马迁在《循吏列传》中说他在楚为相期间，政绩斐然，可以说是：

施教导民，上下和合，世俗盛美，政缓禁止，吏无奸邪，盗贼不起。

私塾 是我国古代社会一种开设于家庭、宗族或乡村内部的民间幼儿教育机构。它是旧时私人所办的学校，以儒家思想为中心，它是私学的重要组成部分。我国清代地方儒学有名无实，青少年真正读书受教育的场所，除义学外，一般都在地方或私人所办的学塾里。

■ 安徽寿县古城墙

■ 寿县珍珠泉

他个人生活也极为俭朴，经常是"粝饼菜羹"，"面有饥色"，为相12年，一贫如洗。

古籍《吕氏春秋》和《荀子·非相》中都称他为"圣人"。

公元前594年前后，孙叔敖患疽病去世。作为一位令尹，家里竟穷得家徒四壁，连棺木也未做准备。

他死后两袖清风，儿子穷得穿粗布破衣，靠打柴度日。

在安丰塘附近寿县一带的民居建筑内，常常寄生着一种秃尾巴的无毒小蛇。一向对蛇没有好感的农民，却例外地把这种蛇称为"家蛇"，并加以保护。

这是为什么呢？相传这也和孙叔敖有关。

在孙叔敖小的时候，在一个私塾里念书。一天早晨上学，他在路上看见一只红冠大公鸡，正在啄一条幼蛇，幼蛇已经奄奄一息，眼看就不行了。

心地善良的孙叔敖快步走上前去，赶跑大公鸡，救下了这条小蛇，每天放在自己的口袋中，用自己最好的食物喂养它。

数月以后，这条蛇不但养好了伤，还被喂养得白白胖胖的。

孙叔敖见自己的口袋里面已经装不下它了，便对

龙穴山 在安徽六安东50米处，位于安徽合肥接界，山脊有龙池，味甘美，亦名龙池山。传说，这里是由一条受伤的青龙死后变成的，为此，人们为此地取名为"龙穴山"。光绪年间陶澍完成的《安徽通志》，称其山中的水为"天下第十泉"。

它说："小蛇啊，小蛇，你的家在田野里，快去吧！"

小蛇摆了摆长尾，恋恋不舍地走了。

光阴似箭，一转眼就数十年过去了。孙叔敖这时已经是楚国的令尹了。

为了造福百姓，解决人民种田插秧的用水问题，孙叔敖费尽全部家产，率领百姓开挖安丰塘，历尽千辛万苦，安丰塘终于建成了。

可是，光靠老天下雨积水总不是办法。孙叔敖经过实地勘察，决定在安丰塘上端开挖一条河，引来六安龙穴山之水，以保安丰塘永不干涸。

可是，这时的百姓为建安丰塘均已精疲力竭，爱民如子的孙叔敖实在不忍心再去惊动他们。

怎么办？孙叔敖忧愁得吃不下饭，睡不好觉。

这件事被曾受恩于孙叔敖的那条小蛇知道了，这条小蛇如今已得道成了正果，尤其是它的蛇尾修炼得威力无比。

这天夜晚它来到令尹府，爬近孙叔敖，托梦给他说："令尹大人，我是你救活的那条小蛇，特来帮您解决难题。"说完就不见了。

小蛇来到安丰塘上游，将尾巴像把刀子似地深深插入地下，昂着

◼孙叔敖塑像

首，缓缓地向南方游去。

小蛇所过之处，地上现出一条宽宽的、深深的渠道。

众兴以北地带都是黄土地，没费多大的劲，小蛇便开通了河道，可一过众兴，先是丘陵，后是小山，再后高山顽石，小蛇游迤过去，直冒火星，尾巴被磨得撕心裂肺地痛。

它也知道，自己的道行都在尾巴上，尾巴如果磨秃了，自己也就是一条普通的小蛇了，但为了报答孙叔敖相救之恩，为了使当地民众免受旱灾，也只好豁出去了。

第二天一早，人们起床后惊讶地发现，一条塘河横亘在安丰塘南端，湍急的河水滔滔而来，几个小时以后，安丰塘内便蓄满了水。

这时的小蛇已经磨秃了尾巴，疲惫地趴在安丰塘旁边。

孙叔敖很感激这条小蛇，便又将它捧起来带回家里饲养，并为它取名为"家蛇"。

就这样，在人们的保护下，"家蛇"与安丰塘附近的人们住在一起，一代一代地繁衍了下来，人们从来也没有伤害过帮助他们开挖渠道的小蛇。

阅读链接

孙叔敖是春秋战国时期楚国的令尹，组织民力兴建了安丰塘。孙叔敖为官清廉，历来为寿县人民所敬重，后人专门在安丰塘北堤为他修建了用于祭祀的孙公祠。关于他的传说，也表达出了当地人民对他的爱戴之情。

在《孙叔敖的故事》中，叙说了孙叔敖长大后，受虞丘举荐挑起令尹的重担，大刀阔斧改革制度，开垦挖渠，修建芍陂发展生产，辅佐楚庄王招兵买马，训练军队，整修武备，为称霸中原铺平了道路。

由于他有功于楚国，楚庄王屡次要赐封他，可是他都坚辞不受，持廉至死。他的儿子遵照父嘱返回故里，过着清贫的生活。

广西灵渠

灵渠位于广西壮族自治区桂林东北的兴安县,古称"秦凿渠""陡河""兴安运河",于公元前214年凿成通航。灵渠的工程设计巧妙,匠心独具,是一条体现了我国古代科学技术伟大成就的人工运河。

灵渠"通三江、贯五岭",连接起长江和珠江两大水系,神奇地沟通了南北水路交通运输,被誉为"与长城南北相呼应,同为世界之奇观"。

灵渠是普天之下最为古老的运河之一,有着"古代水利建筑明珠"的美誉。

修筑的历史和主体建筑

公元前221年，秦灭六国，平定了中原之后的秦始皇，很快把目光投向了北方的匈奴和岭南的百越。

当时匈奴日益强大，并经常进犯中原，秦始皇便派大将蒙恬率军30万北伐匈奴，夺取河南地，并在黄河以东、阴山以南地区设置34个县，后再置九原郡。

■灵渠景区

同时在黄河一带地区依河筑塞，利用地形地势，连接战国时秦、赵、燕三国的旧长城，筑起一条西起临洮、东至辽东的万里长城，有效地抵御了匈奴的攻击，保护了北方的农业区域。

和匈奴相比，岭南的越族对中原的威胁要小一些。越族是我国南方的一个少数民族，战国晚期，楚威王打败越王无疆后，越族开始"服朝于楚"，成为楚国的一部分。

■岭南河流小景

秦王朝建立以后，越人主要分布在广东、广西、云南、福建一带，当时的越人没有形成国家，只有部落或部落联盟，族类很多，人们习惯上把他们统称为"百越"。

居住在广东和广西一带的越族被称为"南越"和"西瓯"，福建一带的称"闽越"。南越以番禺为活动中心，西瓯以广西贵县为活动中心。

由于两广地区位于南岭山脉之南，又称"岭南"。越人的主要特点是断发文身，错臂左衽，部落之间好相攻击，多为穴居，从事渔业和简单的农业生产，整体处于尚未开化的原始状态。

尽管越人因为地理环境、经济、生活方式等局

楚威王 战国时期的楚国国君，楚宣王之子，也继承了宣王救赵伐魏与开拓巴蜀的格局，是战国时代楚国继楚悼王以后使楚国国势发展最强的君王。他一生以恢复庄王时代的霸业为志向，力图使楚国冠绝诸国之首。

水利古貌

古代水利工程与遗迹

限，在政治、军事上对中原的威胁要小于匈奴，但越族毕竟是一个具有共同宗教信仰的庞大群体，而且历史悠久，在长期的相互攻伐和对外战争中积累了丰富的经验，并且渐渐形成了勇猛无畏的作战传统。

早在春秋战国之际，越人就曾多次与中原诸国交战，使中原诸国吃了不少苦头。

像这样一个人口众多的民族，势必会对刚刚建立的秦王朝构成相当的威胁。

这种威胁，对于雄心勃勃、意气风发的铁血人物秦始皇以及整个强大的秦帝国来说，都是不能视而不见的，要想保持帝国的强大和牢固，就必须对外来的威胁力量进行打击。

事实上，越人居住的岭南，其丰饶的物产也是秦帝国长期觊觎的，刘安的《淮南子·人间训》中就说，秦始皇"利越之犀角：象齿、翡翠、珠玑"，

■岭南河流小景

■桂林灵渠风光

为了掠夺财富，扩张领土，秦始皇在一统天下之后不久，就派50万大军挥师南下，发动了这场秦越战争。

为了尽快征服岭南地区，秦始皇下令在兴安县开凿灵渠。于是，一项因战争的需要而开凿的水利工程在南中国的崇山峻岭之间拉开了序幕。因而，灵渠在山河之间的出现可以说是必然的。

但是，渠是在极为恶劣的自然条件下开凿的运河。位于桂北地区的兴安县，层峦叠嶂，河川纵横。在兴安县东南，耸峙着五岭之一的都庞岭，其南部则蜿蜒着海阳山。兴安县西北，雄踞着越城岭。

因此，兴安地形就形成了一个显著的特点，那就是东南部是南高北低，西北部则北高南低。

在兴安县腰部，形成一个海拔仅200米左右的低地，这就是有名的湘桂走廊。这里历来为从湖南进入广西的一条交通要道。由于兴安地形上的这一特点，

刘安 （前179年—前122年），西汉皇族，淮南王。汉高祖刘邦之孙，淮南厉王刘长之子。刘安博学善文辞，好鼓琴，才思敏捷，他招宾客方术之士数千人，编写《鸿烈》，也称《淮南子》，其内容以道家的自然天道观为中心，认为宇宙万物都是由"道"所派生。他善用历史传说与神话故事说理。

洞庭湖 为我国第二大淡水湖，位于湖南省北部，长江、荆江河段以南，面积2820平方千米。洞庭湖南纳湘、资、沅、澧四水汇入，北由东面的岳阳城陵矶注入长江，号称"八百里洞庭"。洞庭湖据传为"神仙洞府"的意思，可见其风光之绮丽迷人。

自然形成了水系上的特征。

流往湖南的大川湘江，发源于海阳山，从南往北流至兴安县城附近，沿湘桂走廊，经全州进入湖南，注入洞庭湖。

广西壮族自治区著名的漓江，发源于越城岭主峰猫儿山，往南流至兴安溶江，经灵川、桂林，在梧州汇入西江，至广东注入南海。

湘江北去，漓水南流，两江流向相反，故而兴安谚语说："兴安高万丈，水往两头流"，非常形象地概括了兴安地形和水系特点，成为修筑灵渠最理想的一个地方。

那么，究竟由谁来完成这项历史性的任务呢？

在兴安民间有这么一种说法，说灵渠是由三将军，也就是三位石匠修的，而且在那里真有一座三将军墓，兴安广场上还有他们三个人的塑像。

■ 灵渠人工渠

■ 流向漓江的山水

　　史禄，名禄，官职为秦监御史，史料中称他为"史禄"或"监禄"。至于他的姓氏、生卒年代和籍贯都无从考证了。司马迁的《史记·平津侯主父列传》、刘安的《淮南子·人间训》和班固的《汉书·严助传》中都提到了史禄开凿灵渠的事迹，但记载却十分简略。

　　直至宋代，才有了一些补充性的描述，宋代范成大在《桂海虞衡录》中写道：

　　　湘水源于海阳山，在此下融江。融江为洋河下流，本南流。兴安地势最高，二水远不相谋。禄始作此渠，派湘之流而注之融，使北水南合，北舟逾岭。

　　元代人所修的《宋史·河渠志》也记载，"广西水灵渠源即漓水，在桂林兴安县之北，经县郭西南。其初乃秦史禄所凿，以下兵干南粤者。"

祠 为纪念伟人名士而修建的供舍。这点与庙有些相似，因此也常常把同族子孙祭祀祖先的处所叫"祠堂"。祠堂最早出现于汉代。东汉末期，社会上兴起建祠抬高家族门第之风，甚至活人也为自己修建生祠。由此，祠堂日渐增多。

在灵渠南渠岸边的四贤祠内，还供奉着史禄的塑像。人们感佩于他开凿灵渠，居功至伟，称赞他为"咫尺江山分楚越，使君才气卷波澜。"

在史禄的主持下，经过秦军与被征发的劳动人民的艰苦劳动，几经寒暑，灵渠开凿成功。

灵渠的凿通，沟通了湘江和漓江两大水系，打通了南北水上通道，为秦王朝统一岭南提供了重要的条件。之后，秦王命人将大批粮草经水路运往岭南，有了充足的物资供应。

公元前214年，也就是灵渠凿成通航的当年，秦兵就攻克岭南，随即设立桂林、象郡、南海三郡，将岭南正式纳入秦王朝的版图，而灵渠则为完成这一伟大事业做出了重要的贡献。

在秦统一前，黄河、淮河、长江、钱塘江四大流域已形成了一个内河水道网，而南方珠江水系尚未沟通。灵渠的出现正如棋眼一样，使大半个中国的水道

■ 灵渠道经过的漓江风光

■ 灵渠园林植物

全盘皆活。

作为水运枢纽，保障了全国的统一和边疆的安定，对两广地区政治和经济文化的发展功不可没，是南北运输大动脉，日通过帆船上百艘。

灵渠连接了长江和珠江两大水系，构成了遍布华东、华南的水运网。自秦代以来，对巩固国家的统一，加强南北政治、经济、文化的交流，密切各族人民的往来，都起到了积极作用。灵渠虽经历代修整，依然发挥着重要作用。

此后，历代对灵渠的维修，在史籍中记载的就有37次。经过多次维修扩建，灵渠日臻完善，航运作用日益增大。

至唐代后期，灵渠已残破不堪，舟楫不通。唐宝历年间，桂广官员观察使李渤对灵渠"重为疏引，仍增旧迹，以利舟行。遂铧其堤以扼旁流，陡其门以级

古代水利明珠

广西灵渠

棋眼　围棋一方子中所留的空格，为对方不能下子处。棋眼是下棋的突破口，一旦占领棋眼，即可取得绝对性的优势，多用于五子棋和象棋等。人们把灵渠比喻成棋盘上的棋眼，说明这条渠在人们心中是非常重要的。

直注"。

这次维修，对灵渠在技术上做了较大改进。铧堤和陡门的设置，改变了灵渠的面貌，延长了航运时间，保证了行船安全，但施工质量存在问题。

868年，鱼孟威在重修灵渠时，吸取了这一教训，做到了：

> 其铧堤悉用巨石堆积，延至四十里，切禁其杂束筱也；其陡门悉用坚木排竖，增至十八座，切禁其间散材也。浚决碛砾，控引汪洋，防洪既定，渠遂泓涌，虽百斛大舸，一夫可涉。

通过唐代的两次维修，基本上奠定了灵渠的结构。此后，宋元明清各代都对灵渠进行了一定的修补

观察使 我国古代官名。唐代后期出现的地方军政长官，全称为"观察处置使"。唐代前期常由朝廷不定期派出使者监察州县，名称临时确定，并无定规。宋代于诸州置观察使，无职掌，无定员，也不驻本州，仅为武臣准备升迁之寄禄官，实系虚衔。元代废除。

■ 广西兴安灵渠的船

和疏浚，以便能够确保灵渠重要的交通运输作用。

■漓江象山

灵渠经过历代的不断维修和完善，形成了由秦堤、南北二渠、铧嘴、大小天平、36个陡门、泄水天平、回龙堤等部分组成的一个完整的水利系统。

灵渠设计巧妙，完整精巧，通三江、贯五岭，沟通南北水路运输，与长城南北呼应，同为普天下的一大奇观。它在古代水利史上的成就，为后人所钦敬和自豪。

大小天平是指建筑在兴安县城东1.5千米的海洋河上的一道拦河坝。是用来拦蓄和提高水位，以便将水通过渠道引向漓江，是灵渠的枢纽工程，被称为最科学的大坝。习惯上称大小天平以上为海阳河，以下为湘江。

大小天平距离灵渠进入始安水处约4.2千米。这就使人产生疑问，由湘江高塘村至始安水的距离最近，

长城 是古代我国在不同时期为抵御塞北游牧部落联盟侵袭，而修筑的规模浩大的军事工程的统称。长城东西绵延上万华里，因此又称作"万里长城"。长城建筑于2000多年前的春秋战国时代，长城是我国古代劳动人民创造的伟大的奇迹，是我国悠久历史的见证。

■ 湘江

湘江 是湖南最大河流，长江主要支流之一。发源于海拔近2千米的九嶷山脚野狗山麓，上游称"潇水"，零陵以北开始称"湘江"，向东流经永州、衡阳、株洲、湘潭、长沙，至湘阴县入洞庭湖后归长江，沿途接纳大小支流1300多条，全长817千米，流域面积92300平方千米。上游水急滩多，中下游水量丰富，水流平稳。大部可通航，是古代两湖与两广地区重要的交通运输航道。

只有2千米，为什么不在高塘村筑坝引水，而要舍近求远呢？

后来，人们经过测量才知道，原来湘江在高塘村的海拔206米，而灵渠汇入始安水海拔211米，反而高出湘江近5米。

如果直线通成渠道，只能把始安水引向湘江。始安水的水量又实在太少，上距它的发源地只有1.6千米，集雨面不到3平方千米，根本无水可引，有一点水也没法行船。而要将湘江水引向始安水，则至少要在湘江上修建一座5米多高的大坝，并形成一个湖泊。

在2000多年前的当时，要在大江大河上修建5米多高的大坝而不被洪水冲垮，在技术上和建筑材料上都难以做到。

只好舍近求远，将坝址往上延伸，选择在分水塘筑坝，分水塘海拔212米，高出始安水一米左右，在这里只需筑一个矮坝，湘江水就可顺利地引向始安水，再流往漓江。

为此，在坝址的选择上，建造者舍近求远的道理就在于此。

铧嘴是指建在大小天平顶端向江中延伸的一道石堤，被称为是最牢固的铧嘴。其基础也是用松木打桩，外围用条石砌筑，中填砾石和泥沙，因它"前锐后钝", 形似犁铧之嘴, 故称"铧嘴"。

铧嘴由大小天平交汇处至嘴端长90米, 其最前端部分是北边长41米, 南边长38米, 宽22.8米, 高3米的平台, 俗称"分水台"。分水台雄踞于分水塘中, 真不愧为中流砥柱。

原来的铧嘴还不止这么长。据清代末期文人陈凤楼的《重修兴安陡河碑记》记载: 1885年, 发生一次特大洪水, 将铧嘴冲毁, 故重建时下移100米。铧嘴比原来的缩短了约100米。勘探的结果, 使得这一事实得到了确认。

南渠为引湘入漓的一条渠道, 从小天平尾部的南陡起, 至溶江镇汇入大溶江的灵河口止, 全长33.1千米。落差30.2米, 平均坡度为0.9‰米。

南渠渠道可分为四段。第一段从南陡起至和尚陡入始安水止, 长约4.2千米。

这段渠道全部为人工开挖, 水流平缓, 落差1米, 平均坡度为0.2‰米。这段渠道开始一段沿全义岭山脚开挖, 基本上与湘江保持平行。

犁铧 公元前6世纪, 我国人发明了铁犁。犁是人类早期开始耕地的农具, 我国大约自商代起已使用耕牛拉犁, 木身石铧。战国时期在木犁铧上套上了V形铁刃, 俗称"铁口犁"。犁架变小, 轻便灵活, 更可以调节深浅, 大大提高了耕作效率。

碑记 是我国古代文体的一种, 又称"碑志", 刻在墓碑上, 用于叙述死者生前的事迹, 评价、歌颂死者功德。碑又指碑铭, 志指墓志铭, 前者立于地上, 后者则埋于地下。碑铭又分为墓志铭、封禅铭和景胜铭三类。

■灵渠古画图

其中200米至800米一段，只靠一道石堤与湘江隔开，为灵渠险工。至大湾陡止，为越城峤所阻。越城峤宽350米，高约20米，全为人工劈开，工程相当艰巨。这段渠道的宽度为8米至15米，水深为1.8米。

第二段从始安水4.2千米起至灵山庙10.3千米始安水汇入清水江止长6.1千米，这段渠道是半人工开挖改造而成的。

■古画中的灵渠

第三段，从清水江10.3千米至18.9千米西村马尿河汇入处止，长8.6千米。这段渠道绝大部分利用天然河道，宽15米至30米，深一两米，落差7.9米，平均坡度为0.9米。

第四段从18.9千米至33.1千米灵渠汇入大溶江止，长14.2千米。这段全部利用灵河天然河道，河宽20米至50米，水深两三米，落差15.8米，平

■ 漓江风光

均坡降为1.1米。

南渠所经之地，大部分为喀斯特地貌，石山平地拔起，独立成峰，渠道绕山蜿蜒，风景非常优美。

明代诗人俞安期在《舟过秦渠即景》诗中描绘：

秦渠曲曲学三巴，离立千峰插地斜。

宛转中间穿水去，孤舟长绕碧莲花。

清代著名诗人袁枚《由桂林溯漓江至兴安》诗中描绘：

江到兴安水量清，青山簇簇水中生。

分明看见青山顶，船在青山顶上行。

这些都生动地描绘出了南渠及两岸美丽的风貌。

袁枚（1716年—1797年），清代诗人、散文家。晚年自号仓山居士、随园主人、随园老人。历任溧水、江宁等县知县，有政绩，40岁即告归。在江宁小仓山下筑随园，吟咏其中。广收诗弟子，女弟子尤众。与赵翼、蒋士铨合称"乾隆三大家"。

古代水利明珠 广西灵渠

漓江 位于广西壮族自治区东北部，属珠江水系。漓江发源于"华南第一峰"桂北越城岭猫儿山。漓江上游主流称"六峒河"，南流至兴安县司门前附近，东纳黄柏江，西受川江，合流称"溶江"，由溶江镇汇灵渠水，流经灵川、桂林、阳朔；至平乐三江口与荔浦河、恭城河汇合后称"桂江"，全长437千米。

北渠由大天平尾部北陡门起，往北迂回於平畴沃野间，流程25千米，再回到湘江。论长度，北渠只有南渠的十分之一；论作用，则和南渠相同。

作为一条运河，两者缺一不可。因为大小天平把湘江拦腰截断，如果只有南渠，只能将湘水引入漓江。漓江的船可沿南渠至大小天平之上，但无法下坝到达湘江。

反之，湘江的船只能到达大小天平之下，也无法上坝到达漓江。

可是在2000多年前，这个问题却无法解决。因而开凿了北渠，作为引航道。有了北渠，湘江船只，可由北渠到达大小天平上游，转往漓江；反之，漓江的船通过南渠、北渠也能到达湘江下游，所以说两者不可偏废。

泄水天平是指建在灵渠南北二渠上的溢洪堰，它

■漓江石堤

具有排泄洪水，保持渠内正常水位，以确保渠道安全的作用，故称"泄水天平"。"泄水天平"的建筑方法与大小天平基本相同，是最为微妙的泄水天平。

灵渠中，共有泄水天平三处，其中是南渠有两处，北渠一处。

南渠泄水天平，第一处位于南陡以下约900米处的秦堤上；第二处泄水天平位于南陡以下约2千米处，称"马氏桥泄水天平"。

■ 古画中的灵渠和小船

有了这两处泄水天平，在兴安境内湘江正常年份每秒1300立方以下的洪水，可通过第一处泄水天平将进入南渠的洪水排回湘江，以确保县城和灵渠下游的安全。

第三处泄水天平位于北渠北陡约2.3千米处的水泊村西。为1730年的两广总督鄂尔泰所创建。

秦堤是建在南渠与湘江之间的一道石堤，从南陡阁起至大湾陡止，全长3.1千米。堤顶最窄处只有四五米之间，最高处有8米。用经过加工的大条石砌就。

它下临湘江，上承灵渠，工程很艰巨。因为这道堤筑于秦代，因此称为"秦堤"。

其中，由南陡至泄水天平一段，长892米，称为

两广总督 清代两广总督的正式官衔为"总督两广等处地方提督军务、粮饷兼巡抚事"，是清代九位最高级的封疆大臣之一，总管广东和广西两省的军民政务。两广设置总督，始于1452年，1465年成为定制。至清代，这种地方政治体制变革终告完成，总督作为封疆大吏的地位确立。

■ 广西兴安灵渠风光

工部尚书 我国古代官名。工部为掌管营造工程事项的机关，六部之一，长官为工部尚书，曾称"冬官""大司空"等。工部起源于周代官制中的冬官，汉成帝置尚书五人，隋代开始设立工部，掌管各项工程、工匠、屯田、水利、交通等政令，与吏、户、礼、兵、刑并称"六部"。

"公堤"，为秦堤最险要的一段。

历史上这段堤常被洪水冲坏。堤坏则渠亡，因而这段堤修得很宏伟。

由泄水天平至接龙桥，长达1.7千米，这段堤经过城区，堤宽达数百米。

接龙桥至大湾陡，长约2.8千米，灵渠南临山脚，北边为渠田，渠比田高，堤只是起到拦阻渠水的作用。

因而堤高只有1米，宽只1.6米左右。这段堤虽很短小，但若没有堤，水往旁流，渠也就不存在了。有了这道堤，渠高田低，为灌溉提供了方便。

秦堤外墙均用条石砌建，全长3.1千米，远望就像一道城墙，修建得很宏伟。

从古以来，秦堤截植桃柳，春来桃花满路，杨柳飘丝，成为人们游春之所。

明代初期工部尚书严震直的《咏秦堤诗》中最为有名的句子是：

岭外河堤筑已坚，

促装归去去朝天。

桃花满路落红雨，

杨柳夹堤生翠烟。

灵渠的开通，实现了引湘入漓沟通航道的目标，湘漓水运衔接，用潺潺流水化解了存在于中原和百越之间的天然阻碍，使得两个本不相通的世界从此再也无法分离。

于是，在灵渠2000多年的舟楫往来中，灵渠的沟通功能被发挥到了极致。

南北社会政治的分水岭不复存在，朝廷的政令可以畅流而行，南北货物得以互通有无，中原与百越之地的文化和经济得以相互交融，两地各族人民心理隔阂得以消解，华夏民族的精神血脉流淌得更加圆融舒畅，雄浑有力。

阅读链接

灵渠建成之后，秦代人又将松木纵横交错排叉式地夯实插放在坝底，然后在四周再铺以用铸铁件铆住的巨型条石，形成一个整体。

之后，历经2000多年的风雨，任凭洪水冲刷，大坝巍然屹立，人们一直都不明白其中的缘由，直至后来在维修大坝时才发现这个原因。

灵渠的一些地段滩陡、流急、水浅，航行十分困难。为了解决这个问题，古人在水流较急或渠水较浅的地方，设立了陡门，把渠道划分成若干段，装上闸门，打开两段之间的闸门，两段的水位就能升、降至同一水平，便于船只航行。

灵渠最多时有陡门36座，因此又有"陡河"之称。

古桥的文化及传说故事

　　灵渠上分布着一座座古色古香的石拱桥，它们既是古灵渠工程建设的一部分，也是后人的游赏览胜之处，它们历史悠久，各具特色，传说和故事众多。

　　娘娘桥又叫"天后桥"。妈祖，是人们对海上女神的尊称。

　　根据宋代的文献史料记载，妈祖是福建莆田大户林家的第六个女儿。因为自出生至满月，不哭不闹，因此她父亲给她取名"林默"。

她16岁受感化，28岁重阳节前得道成仙。

　　此后，乡亲们时常能看到她盘坐于彩云雾霭之间，或朱衣飞翔于海上，为在海上航行迷失方向的渔民指引回家的路，经常显灵救人于

灵渠运河

■ 广西兴安灵渠

急难之中。于是当地的乡亲就在莆田建起祠庙，虔诚敬奉，后人纷纷前来朝拜。

我国许多有名的港口城市的开发几乎都跟妈祖庙息息相关，特别是与海上交通贸易繁荣的沿海港口，更与妈祖信奉有密不可分的关系，一直都流传着天津港口"先有娘娘庙，后有天津卫"这样的谚语。

宋代华亭、杭州、泉州、广州四大市舶司均与妈祖庙建在一起。兴安既不是沿海地区，也不是港口城市。自秦始皇开通灵渠，有效地连接了长江和珠江两大水系。从灵渠出发北上可以到达长江，出东海，南下可以通过珠江，出南海。

同时，灵渠更是连通南北贸易的重要水路交通要道，也是古代"海上丝绸之路"的重要组成部分。娘娘桥也恰恰侧面反映了南北文化的不断交融。

万里桥位于娘娘桥上游约180米，825年为桂管观察使李渤所建。因传说距唐代京城长安水路5000千米

市舶司 是我国在唐、宋、元及明代初期在各海港设立的管理海上对外贸易的官府。明清两代反复海禁。1374年撤销福建泉州、浙江明州、广东广州三市舶司。1685年，康熙皇帝撤销全部市舶司，设立江、浙、闽、粤四处海关。

■ 灵渠上的古桥

而得名，是广西壮族自治区境内最古的石拱桥，已经有1200多年的历史。

该桥自古以来是南北交通要冲，桥北为全州至兴安驿道，桥南为兴安至桂林驿道，桥北100余米即白云驿。

万里桥为一座单拱石桥，原来桥上没有桥亭，1368年，兴安知县曾孔传于桥上增建桥亭，始可以避风雨。

自明代以来600年间，桥亭曾经过七次重建，但桥历数百年而不毁。该桥历史上称为"通行楚越之要津"，万里桥亭共三层檐顶，高12.5米，东西两边各挑出两米，桥上石阶装有汉白玉扶手并饰以云纹雕花，雕刻精美。

桥亭上悬挂有"楚越要津"和"万里如归"等匾额以及两副对联，桥的南岸左右两边分别立有明代龙虎将军吴玉亲自书写的《万里桥记》和《万里如归》等石碑。

接龙桥仅晚于万里桥的古石拱桥，创建于宋太平兴国年间，清代乾隆时期重建。

接龙桥位于县城下水关南渠上，为虹式单拱石桥。桥面长6.1米，宽7米，东桥塊为10级，水平长约5.9米，西桥塊已为拆城垣的泥土填平，像一只吸水

对联 又称"楹联"或"对子"，是写在纸、布上或刻在竹子、木头、柱子上的对偶语句，对仗工整，平仄协调，是一字一音的语言独特的艺术形式。对联相传起于五代后蜀主孟昶，是中华民族的文化瑰宝。

的象鼻。

桥洞跨度5.9米，拱高4.5米，桥名据说因正对状元峰，故得名。

这里的"接龙"在当地有三种说法，第一种说法是接龙驾；第二种是接龙脉；第三种是接龙舟。

事实上每年的农历五月端午节，兴安县都要举行盛大的龙舟比赛。比赛之前必须举行的一系列祭龙仪式都是从这里开始的。这里就是老百姓迎接龙头的地方，历来就看得非常神圣。

灵渠自东向西流去，另外一条双女井溪自南向北而来，这座桥要横跨在两水之上，自然就与众不同了，它叫"马嘶桥"。

马嘶桥的来历与东汉伏波将军马援有关。

据说，马援有一匹"千里驹"。他一生打了许多仗，"千里驹"随他立了不少功。因此，马援常在人前称赞：

宁折一虎将，莫失千里驹。

公元42年，马援奉命到岭南征讨交趾征侧、征贰的反叛，兵马来到兴安县城边的城台岭下安下大营。连日来，由于山路崎岖，河道淤塞，粮草接济不上，因此行军缓慢，马援为此事急得像热锅上的蚂蚁，坐立不安。

龙舟比赛 是我国古人端午节的一项重要活动，在我国南方很流行，它最早是古越族人祭水神或龙神的一种祭祀活动，其起源可追溯至原始社会末期。它是我国民间传统水上体育娱乐项目，已流传两千多年，是多人集体划桨竞赛。史书记载，赛龙舟是为了纪念爱国诗人屈原而兴起的。

■ 马援雕像

鞭 我国古代兵器之一，短兵器械的一种。鞭起源较早，至春秋战国时期已很盛行。鞭有软硬之分。硬鞭多为铜制或铁制，软鞭多为皮革编制而成。常人所称之"鞭"，多指硬鞭。常用的鞭法有劈、扫、扎、抽、划、架、拉、截、摔、刺和撩等。

一天早上，马援骑上千里驹到各个营地巡查。千里驹走到双女井溪上的一座石桥边，突然停了下来，扬起前蹄，嘶叫不前。马援见千里驹不肯过桥，只好下马。

中午，马援从营地巡查回来，走到桥头，千里驹又扬起前蹄，嘶叫不止。

马援见千里驹两次停蹄不过桥，不觉火了起来，便大声喝道："往时你随我转战沙场，赴汤蹈火，从不停蹄。今日过这小小石桥，竟敢踌躇不前，定是久不上阵，养娇了你，非要重罚你几鞭不可！"说罢，举鞭要打。

忽听桥那边有人大声喊着："将军莫打，将军莫打，此乃好马，好马！"

马援抬头望去，见桥头走来一位年老的道士，笑吟吟地望着他。

马援心里不快，诧异地问道："道家，你莫非是取笑我马援？"

老道士听他道出姓名，知道他是有名的伏波将军，便不慌不忙地走上前来。拱手答道："贫道哪敢取笑将军？我是看出你的坐骑，确实是一匹难得的良驹呀！"

马援见老道士讲得认真，

■ 漓江竹排

问道："你又何以见得？"

老道士见将军息了怒，便笑道："马将军，自秦代开渠以来，朝廷年年从这里运去千匹帛、万担谷，只知取之于民。你看这座桥，年久失修，基础受损，行人通过随时都有桥塌人亡的危险。将军高高坐在马上，怎会觉察出来？"

■ 马援将军画像

马援被说得面红耳赤，跳下马来，走到桥边仔细一看，果然桥基倾斜，石板缝裂，桥面长满杂草，桥下污泥堵塞，一副残败的景象。

老道士见伏波将军低头不语，便接着说道："马将军，俗话说'老马识归途'，将军的马是良驹知民情啊！"

马援回到帐中，想起老道士的话，心中非常羞愧。他想："良驹知民情"，自己身为一国之将，不为百姓办事，岂不枉此一生。

他特意找来掌粮官说："明日拨出军粮百石，重建石桥。"

掌粮官一听，感到左右为难："将军，眼下粮草未曾运到，兵士半饱半饥，哪里拨得出百石军粮，我看还是请将军另想办法吧！"

马援的眉毛捻成了线疙瘩，独自在帐中踱来踱去。正好马夫王二入帐报告，说是千里驹已喂好，问

伏波将军 是我国古代对将军个人能力的一种封号，伏波其寓意为降伏波涛，我国历朝历代中出现多位授予伏波将军的人物，最著名便是东汉时的马援。战国时，各国多以卿、大夫领军。汉武帝起，将军广置，名位最高的是大将军、骠骑将军，其次是前后左右中将军，还有其他封号将军，伏波将军即是这众多封号中之一号。

古代水利明珠 广西灵渠

■ 马援墓前的"千里驹"雕刻

清明 "清明"是夏历二十四节气之一，在春分之后，谷雨之前。清明节是我国民间重要传统节日，是重要的"八节"之一。我国广大地区有在清明之日进行祭祖、扫墓和踏青的习俗，逐渐演变为华人以扫墓、祭拜等形式纪念祖先的一个我国传统节日。

何时备用。

马援心里一沉，说："那好，你去让它配上鞍子，牵到集上卖了，好备钱修桥。"

王二知道老将军的脾气，从来是说一不二，只好照办。

这天正逢农历三月清明，赶集的人特别多，大街小巷挤得水泄不通。

王二将马牵到桥头，找来一根棍子，在上头扎个大草结作为标志，立在马旁等候买主。

不久，一个肩头挂着钱袋化斋的老道士走过来，看了看草标，手往马背上一拍，问道："这马要多少银子？"

"要、要……"

王二是头一回卖马，不知行情，"要、要"了半天，也说不出马价来。

老道士突然抓住王二胸口，喝道："这马是将军的坐骑，你竟敢盗卖。走，到县衙去！"

王二慌忙说："道士，请不要误会，我是马夫王二，是奉老将军之命来卖马的。"

老道士将信将疑，问道："老将军还要卖马？"

王二见老道士追问，只好将实情讲了出来。

老道士知道是马将军要卖马修桥，心理十分敬佩。便对王二说："这马不要卖了，你背上我这钱袋，跟我到大街小巷去走一圈。"说罢，将千里驹牵上，往闹市区走去。

王二不知道老道士搞什么名堂，只好背着钱袋跟在后面。

到了闹市，老道士喊道："大家听着，伏波将军为民办事，要卖马修桥，各位也行行好，募捐几文吧！"

老道士一边喊叫，一边叫王二拉开钱袋。

闹市上的人很多，听老道士这么说话，大家都很感动，便你几文，他几文的为老道捐钱。一会儿功夫，王二带去的两个钱袋便都装不下了。

草标 是用草茎或草做的标志，在集市中插在比较大的东西上表示出卖。草标，也称之为草芥，本是自然生长之物，但当其插在所售或待售物品上时，便有了标识意义。"草"表示贱的意思，在我国古代，自己的东西或者物品不想要了，便插上草标就表示想要卖掉。

古代水利明珠

广西灵渠

■古灵渠河流

■夕阳下的灵渠

老道士又叫王二去布店扯了几尺布，临时赶做成了两个大口袋，把众人捐出来丢在地上的钱都装起来。最后老道士帮王二把钱袋挂在马背上，转身就走了。

王二牵着马，驮着钱，高高兴兴地走回营帐。

马援见了问道："马没卖去，哪来这么多钱？"

王二把老道士帮助募捐的事说了一通。将军一听，眼里噙着老泪，说不出话来。

此后，马援不但重修了石桥，还疏通了灵渠，平定了叛乱，为老百姓做了好事。人们为了纪念他，就把这重修的石桥正式定名为"马嘶桥"，还把马援的塑像供奉在灵渠首边的四贤祠里。

在灵渠上，除了这著名的马嘶桥，花桥也一样的与众不同。

花桥在兴安县城东北1千米的湘漓镇花桥村前，横跨北渠，距北陡约1.5千米，据清代道光年间的《兴安县志》记载，花桥为明万历年间由监生何碧信主持修建的。

这是三拱石桥，不同大小的桥拱倒映在水中，如同不同大小的三个花圈并列一起排在北渠之上。花圈的一半被清碧的流水遮掩，花桥因此得名。

花桥桥身长26.7米，宽4.1米，桥面中段高而两边低，中高以便通航，两边低可缩短引道节约材料，方便行人。东西两洞的跨度为4.8米，高3.8米，均用一层尖石向下名为"斧刃石"的石头砌成。

花桥美观而牢固，其建桥工艺精巧，造型美观实用，显示了当时高超的建桥技术。

除了花桥，夏营桥也很有名，此桥也称"霞云桥"，位于三里桥下游约1.5千米处，距南陡约5.9千米，为单孔石桥。

夏营桥桥长13.5米，宽3.7米，高4.2米，拱跨4.4米。桥周围杨柳披拂，非常美丽。

古时，这里是夏营关，此桥建于灵渠古官道的交接处，为通桂林必经之地，因而得名夏营桥。后人因此名欠文雅，取谐音名霞云桥，该桥不知修建于何代，清代乾隆年间修的《兴安县志》已记载有此桥。

粟家桥在南渠上，史书未记载建桥年月，但1740年所修的《兴安县志》已有相关的记载，桥为明代建

■灵渠景观

筑形式，为虹式单拱石桥。

桥面长7.3米，宽2.6米，北边踏步台阶15级，水平长4.9米，南边踏步台阶10级，水平长3.5米。券洞跨度7米，距水面高3.5米，塊桥为一层斧刃石发券，桥面用薄石板铺面，两侧无栏。

此桥设计轻巧，造型秀丽，形式古朴，坐落于秦堤绿树丛中。桥上披拂藤萝，颇具诗情画意。

自从建成以来，几百年来从未对桥进行过维修，仍保持着原来的建筑风格，这对研究明代建桥技术有一定的参考价值。

此外，粟家桥还与附近的三将军墓相互辉映，人称此处为"灵渠双璧"。

星桥位于培元阁桥下游2.1千米的灵山庙村边，距南陡约1万米，是南渠最下游的一座石拱桥，创建于清代乾隆年间，桥为单拱虹式石桥，长17.6米，宽4.3米，高6.7米，拱跨5米。

此处灵渠已与乳洞岩之玉溪水及石龙江水相汇，水势陡增，桥也比前面的桥高大，桥不远处为星桥陡。该桥是灵渠上唯一的一座深水桥，桥拱离水面也高，自此以下灵渠再无石拱桥。

阅读链接

灵渠自古以来就流传着飞来石与三将军墓的神话传说。

灵渠在刚开始建造时，由于妖魔猪婆精经常作恶毁渠，使得秦始皇派来修渠的两名主工匠，因为延误了时机而被杀。此后被派来的第三位主工匠奉命前来修渠，在神仙的帮助下，从遥远的四川峨眉山飞来一块巨石，把正在作恶的猪婆精镇压在秦堤之下，永世不得翻身。

后来，历尽千辛，灵渠终于修建成功了，而第三位主工匠却因不愿独享功名而自杀在湘江岸上，于是，灵渠两岸便有了三将军墓与飞来石的神话传说。

新疆坎儿井

坎儿井，时称"井渠"，而维吾尔语则称之为"坎儿孜"。

坎儿井是荒漠地区一特殊灌溉系统，普遍于我国的新疆维吾尔自治区吐鲁番地区，总数达1100多条，全长约5000千米。

坎儿井是古代吐鲁番各族劳动群众，根据盆地地理条件、太阳辐射和大气环流的特点，经过长期生产实践创造出来的，是吐鲁番盆地利用地面坡度引用地下水的一种独具特色的地下水利工程。

坎儿井与万里长城以及京杭大运河并称为我国古代的三大工程。

征服自然的人间奇迹

在古老的年代，有一个年轻的牧羊人，赶着羊群来到吐鲁番。他顶着漫天黄沙，四处找寻水草丰茂之地，可是呈现在眼前的却是一片干旱。

年轻的牧羊人并不灰心，他长途跋涉，继续寻找，终于找到一处绿草茵茵的洼地。

洼地里到处长满茂盛的牧草，只是不见水的影子。年轻的牧羊人心想：绿草和清水从来就是一对分不开的情人，看到了草，就一定能找到水。

可是，他从日出找到日落，还是没有找到一滴水，眼看着羊群就要干渴而死，

■坎儿井乐园建筑

■坎儿井乐园石雕

牧羊人心急如焚，便动手在绿草地上向下挖。当他挖到6米深时，水像珍珠似地从地下涌了出来，这就是比甘露还甜、比美酒还香的天山雪水。

从此，生活在"火洲"上的各族人民，便学着牧羊人的样子，掏泉眼，挖暗渠，开凿成一道道坎儿井。坎儿井是新疆各族人民根据自己所处的自然地理特点，一代一代用聪明才智和辛勤劳动创造出来的。

坎儿，意为"井穴"，为荒漠地区一特殊灌溉系统，普遍于我国的新疆吐鲁番地区。坎儿井与万里长城、京杭大运河并称为我国古代的三大工程。吐鲁番的坎儿井总数近千条，全长约5000千米。

坎儿井的结构，大体上是由竖井、地下渠道、地面渠道和"涝坝"四大部分组成。

天山 是中亚东部地区的一条大山脉，横贯我国新疆维吾尔自治区的中部，古名"白山"，又名"雪山"，因冬夏有雪故名，匈奴谓之天山，唐代时又名"折罗漫山"，高达六七千米，长约2500千米，宽约250千米左右，平均海拔约5千米。天山山脉把新疆维吾尔自治区分成两部分，南边是塔里木盆地，北边是准噶尔盆地。

水利古貌

古代水利工程与遗迹

■坎儿井乐园内古董

《庄子》是道家学派的言论著作总汇。庄子即"庄周"，是战国时期的隐士，宋国蒙人。《庄子》经过汉代刘向的编定，共有52篇。后来，《庄子》只有33篇，分3部分，其中内篇7，外篇15，杂篇11，是晋人郭象所定的版本。

吐鲁番盆地北部的博格达山和西部的喀拉乌成山，春夏时节有大量积雪和雨水流下山谷，潜入戈壁滩下。

人们利用山的坡度，巧妙地创造了坎儿井，引地下潜流灌溉农田。坎儿并不因炎热、狂风而使水分大量蒸发，因而流量稳定，保证了自流灌溉。

坎井一词，最早出现于春秋战国时，也就是约2400多年前，《庄子》秋水篇中曾说道：

子独不闻夫坎井之蛙乎。

坎儿井早在《史记》中就有记载，时称"井渠"。但大多都废弃不用，还存留在吐鲁番的坎儿井，多为清代陆续修建，依旧在浇灌着大片的绿洲和良田。

坎儿井的名称，维吾尔语称为"坎儿孜""坎儿井"或简称"坎"，陕西叫作"井渠"，山西叫作"水巷"，甘肃叫作"百眼串井"，也有的地方称为"地下渠道。"

清代萧雄《西疆杂述诗》记载：

> 道出行回火焰山，高昌城郭胜连环。
> 疏泉穴地分浇灌，禾黍盈盈万顷间。

这首诗说出了"疏泉穴地"这吐鲁番盆地独特的水利工程的最大特点。

首先对吐鲁番坎儿井起源作解释的人，也出现在清代，他是清代光绪年间的陶葆廉。他在《辛卯侍行记》一书中记述鄯善连木齐西面的坎儿井时说道：

> 又西多小圆阜，弥望累累，皆坎尔也。坎儿者，缠回从山麓出泉处作阴沟引水，隔数步一井，下贯木槽，上掩沙石，惧为飞沙拥塞也，其法甚古，西域亦久有之。

他在夹注中指出，吐鲁番盆地的坎儿井与《沟洫志》中引洛水，井下相通行水之法相同。

《沟洫志》记载："严熊言'临

《史记》是由西汉史学家司马迁撰写的我国第一部纪传体通史，是《二十五史》的第一部。记载了上自上古传说中的黄帝时代，下至汉武帝太史元年间共3000多年的历史。《史记》与《汉书》《后汉书》《三国志》合称"前四史"，与宋代司马光编撰的《资治通鉴》并称"史学双璧"。

■ 坎儿井乐园的伊斯兰风格建筑

水利古貌

古代水利工程与遗迹

新疆 简称为"新"，地处我国西北边陲，总面积166.49万平方千米，占我国陆地总面积的六分之一，陆地边境线长达5600多千米，占我国陆地边境线的四分之一。地形以山地与盆地为主，地形特征为"三山夹两盆"。新疆维吾尔自治区沙漠广布，石油、天然气丰富。

晋民愿穿洛以溉重泉以东万余顷故恶地。诚即得水，可令亩十石。'于是为发卒万人穿渠，自征引洛水至商颜下。岸善崩，乃凿井，深者四十余丈。往往为坎儿井，井下相通行水。水隤以绝商颜，东至山岭十余里间，井渠之生自此始。"

"井渠之生自此始"，是指其广泛推广而言，并非说其工程原理与技术经验形成于此时，否则，何以言"临晋民愿穿洛以溉"，汉武帝就发动士兵上万人立即动工。这说明早已有成熟的穿井技术可以应用。

坎儿井是干旱荒漠地区，利用开发地下水，通过地下渠道可以自流地将地下水引导至地面，进行灌溉和生活用水的无动力吸水设施。坎儿井在吐鲁番盆地历史悠久，分布很广。

坎儿井在新疆的发展，也得益于新疆特有的条

■ 坎儿井乐园铜雕

件。坎儿井的形成条件，可以说有三个方面。

第一是自然条件的可能性。吐鲁番盆地位于欧亚大陆中心，是天山东部的一个典型封闭式内陆盆地。由于距离海洋较远，而且周围高山环绕，再加以盆地窄小低洼，潮湿气候难以浸入，年降雨量很少，蒸发量极大，故气候极为酷热，自古就有"火州"的说法。

■ 坎儿井出水口

根据调查，吐鲁番盆地的平均降雨仅有19.5毫米，最大为42.4毫米，最小为5.2毫米，多年平均蒸发量为3608.2毫米。多年平均气温为14度，年内最高气温为47.6度，最高地面温度可达75度。

该盆地常年多风，最大风力一般为七八级，大风过后，经常会造成田园破坏，林木折损，美丽的绿洲一时黯然失色，其惨状触目惊心。

如此看来，已利用的泉水和坎儿井水的水量加上湖面蒸发的水量远远超过了地面径流量。即使以泉水作为回归水论，可以不计，而坎儿井开采水量和艾丁湖的蒸发量之和也是大于天山水系的地面径流量。

由此证明，地下水的补给来源，除了河床渗漏为主以外，尚有天山山区古生代岩层裂隙水的补给，所以说吐鲁番盆地的地下水资源是比较丰富的。加上地面坡度特大等情况，从而构成了开挖坎儿井在自然条

艾丁湖 我国最低的湖泊，维吾尔语意为"月光湖"，以湖水似月光般皎洁美丽而得名。在吐鲁番盆地南部，为一盐湖。湖面海拔为负154米，是全国最低的洼地。由于湖水不断蒸发，大部分湖面已变为深厚的盐层。

■ 坎儿井出水口

第二是生产发展的需要性。从生产发展条件来看，吐鲁番盆地远在古代汉唐时期就是欧亚交通的孔道和经济文化交流的要地，虽然该地区气候干旱，地面水源非常缺乏，但蕴藏着丰富的地下水源和充沛的天然泉水，致使冲积扇缘以下的土地尽是肥美的绿洲。

气候非常炎热，热能资源丰富，无霜期长达230天以上，实属农业发展的理想地区。所以自古以来人们就利用天然的泉水进行着农业生产，不但种植着一般的粮食和油料作物，而且发展着棉花、葡萄、瓜果和蔬菜等各种经济作物。

吐鲁番盆地的农业生产不仅具有经济上的重要意义，而且具有政治军事上的重要意义。因此，农业生产上的进一步发展，必然要求人们开发出更多的地下水源。

也就是说，农业生产的发展历史，就是劳动人民开发利用地下水的历史，通过千百年生产劳动的实践和内外文化技术经验的交流，人们终于逐步地找到了一种开发利用地下水的最好形式，就是坎儿井。

第三是经济技术的合理性。吐鲁番盆地虽然埋藏着丰富的煤炭和石油等矿产能源，但大都没有开采利用。因此，在古代开挖坎儿井的经济技术条件上有着

冲积扇 是河流出山口处的扇形堆积体。当河流流出谷口时，摆脱了侧向约束，其携带物质便铺散沉积下来。冲积扇平面上呈扇形，扇顶伸向谷口。在我国喜马拉雅山以及其他温暖至湿润的地区都可以见到。

很大的限制。

但是坎儿井的取水形式，既可节省土方工程，又可长年供水不断，并且当地人民在炎热的地区久居生活，普遍有修窑筑洞的习惯和经验。

另外人们在掏挖泉水的生产实践中，逐步发现坎儿井形式的地下渠道，不但可以防止风沙侵袭，而且可以减少蒸发损失，工程材料应用不多，操作技术也非常简易，容易为当地群众所掌握。

这对克服当地经济技术上各种困难提供很大方便，因此，远在古代经济技术条件较差的情况下，各族劳动人民群众采用坎儿井方式开采利用地下水，就更加显得经济合理了。

综上所述，坎儿井在吐鲁番地区的形成具备了三个基本条件。

第一，在当地的自然条件上，由于干旱少雨，地面水源缺乏，人们要生产、生活就不得不重视开发利用地下水。同时，当地的地下水因有高山补给，所以储量丰富。地面坡度又陡，有利于修建坎儿井工程，开采出丰富的地下水源，自流灌溉农田和解决人畜饮用。

坎儿井挖掘模拟场景

坎儿井井沿

第二，在当时的生产发展上，由于在政治、经济和军事上的要求，以及当时东西方文化的传播，迫使人们必须进一步设法增大地下水的开采量，扩大灌溉面积来满足农业生产发展的需要。

因而对引泉结构必须进行改良，采取挖洞延伸以增大其出水量。这样就逐步形成了雏形的坎儿井取水方式。

第三，在当时的经济技术上，尽管经济技术条件水平很低，但坎儿井工程的结构形式可使工程的土方量大为减少，而且施工设备极为简单，操作技术又容易为当地群众所掌握，所以坎儿井的取水方式在当时经济技术条件水平上是比较理想的形式。

阅读链接

坎儿井是吐鲁番各族人民进行农牧业生产和人畜饮水的主要水源之一。

由于水量稳定水质好，自流引用，不需动力，地下引水蒸发损失和风沙危害少，施工工具简单，技术要求不高，管理费用低，便于个体农户分散经营，深受当地人民喜爱。

充满趣味的坎儿井文化

坎儿井是一种结构巧妙的特殊灌溉系统，它由竖井、暗渠、明渠和涝坝四部分组成。

总的说来，坎儿井的构造原理是在高山雪水潜流处，寻其水源，在一定间隔打一深浅不等的竖井，然后再依地势高下在井底修通暗渠，沟通各井，引水下流。地下渠道的出水口与地面渠道相连接，把地下水引至地面灌溉田地。

■沙漠中的坎儿井

■ 坎儿井开掘模拟
现场

竖井 洞壁直立的井状管道，称为"竖井"，实际是一种坍陷漏斗。在平面轮廓上呈方形、长条状或不规则圆形。长条状是沿一组节理发育的，方形或圆形则是沿着两组节理发育的。井壁陡峭，近乎直立，有时从竖井往下可以看到地下河的水面。

竖井是开挖或清理坎儿井暗渠时运送地下泥沙或淤泥的通道，也是送气通风口。井的深度因地势和地下水位高低不同而有深有浅，一般是越靠近源头竖井就越深，最深的竖井可达90米以上。

竖井与竖井之间的距离，随坎儿井的长度而有所不同，一般每隔20米至70米就有一口竖井。一条坎儿井，竖井少则10多个，多则上百个。井口一般呈长方形或圆形，长1米，宽0.7米。

暗渠又称"地下渠道"，是坎儿井的主体。暗渠的作用是把地下含水层中的水会聚到它的身上来，一般是按一定的坡度由低往高处挖，这样，水就可以自动地流出地表来。

暗渠一般高1.7米，宽1.2米，短的一二百米，最长的长达25千米，暗渠全部是在地下挖掘，因此掏捞工程十分艰巨。

在开挖暗渠时，为尽量减少弯曲，确定方向，吐鲁番的先民们创造了"木棍定向法"。

即相邻两个竖井的正中间，在井口之上，各悬挂一条井绳，井绳上绑上一头削尖的横木棍，两个棍尖相向而指的方向，就是两个竖井之间最短的直线。然后再按相同方法在竖井下以木棍定向，地下的人按木棍所指的方向挖掘就可以了。

在掏挖暗渠时，吐鲁番人民还发明了油灯定向法。油灯定向是依据两点成线的原理，用两盏旁边带嘴的油灯确定暗渠挖掘的方位，并且能够保障暗渠的顶部与底部平行。

但是，油灯定位只能用于同一个作业点上，不同的作业点又怎样保持一致呢？

挖掘暗渠时，在竖井的中线上挂上一盏油灯，掏挖者背对油灯，始终掏挖自己的影子，就可以不偏离方向，而渠深则以泉流能淹没筐沿为标准。

暗渠越深空间越窄，仅容一个人弯腰向前掏挖而行。由于吐鲁番的土质为坚硬的钙质黏性土，加之作业面又非常狭小，因此，要掏挖出一条25千米长的暗渠，不知要付出怎样的艰辛。

据说，天山融雪冰冷刺骨，而工人掏挖暗渠必须要跪在冰水中挖土，因此长期从事暗渠掏挖的工人，寿命一般都不超过30岁。所以，总长5000千米的吐鲁番坎

油灯 起源于火的发现和人类照明的需要。据考古资料，早在约70万至20万年前，旧石器时代的北京猿人已经开始将火用于生活之中，而至迟在春秋时期就已经有成型的灯具出现，在史书的记载中，灯具则见于传说中的黄帝时期，《周礼》中也有专司取火或照明的官职。

■坎儿井暗渠出口

■坎儿井暗渠出水口

明渠 是一种具有自由表面水流的渠道。根据它的形成可分为天然明渠和人工明渠。前者如天然河道，后者如人工输水渠道、运河及未充满水流的管道等。明渠的特性有三点：水面一定与大气接触；且水位及流量跟随横断面的变化而变化；最后就是水流方向由重力决定，由高向低的方向流动。

儿井被称为"地下长城"，真的是当之无愧。

暗渠还有很多好处，由于吐鲁番高温干燥，蒸发量大，水在暗渠不易被蒸发，而且水流地底不容易被污染。

再有，经过暗渠流出的水，经过千层沙石自然过滤，最终形成天然矿泉水，富含众多矿物质及微量元素。当地居民数百年来一直饮用，不少人活到百岁以上，因此，吐鲁番素有我国的"长寿之乡"的美名。

龙口是坎儿井明渠、暗渠与竖井口的交界处，也是天山雪水经过地层渗透，通过暗渠流向明渠的第一个出水口。

暗渠流出地面后，就成了明渠。顾名思义，明渠就是在地表上流的沟渠。人们在一定地点修建了具有蓄水和调节水作用的蓄水池，这种大大小小的蓄水池，就称为"涝坝"。

水蓄积在涝坝，哪里需要，就送到哪里。

坎儿井这种特殊的水利工程，科学合理，具有很多的优点。

第一，不用提水工具，可以引取上游埋深几十米，甚至百多米的地下潜流，向下游引出地面，进行自流灌溉，不仅克服了缺乏动力提水设备的困难，而且也节省了动力提水设备的投资和相关的管理费用。

第二，出水流量相当稳定，水质清澈如泉。

第三，暗渠可减少蒸发防止风沙侵袭。在夏季非常炎热，并多大风沙的吐鲁番盆地，这也是一个重要优点。

但是作为一种古老的引用地下水的灌溉工程，时间一长，就会暴露出这样或那样的缺陷。由于坎儿井结构本身的问题所造成的一些不适应情况。

首先，坎儿井只能引取浅层的地下水，而各道坎儿井之间又相隔一定的距离，使其截水范围在深度和广度上有较大限制，所以不能充分利用地下水资源，也不能适应生产发展的需要。

其次，坎儿井所引用的潜流，主要来自上游山溪河道下渗的水，其水文变化较山溪径流本身的变化来得迟缓，这使得坎儿井水量与农作物生长期集中用水不相适应。

及至冬季非灌溉季节，所有坎儿井的水，因不能控制，除一部分引至附近小水库储蓄外，其余部分白白流走，既不利于保持上游地下水资源，又抬高了下游灌区的地下水位，引起次生盐碱化。

■坎儿井暗渠

还有，一般的坎儿井每隔一两年就必须进行一次维修清淤，有时还必须将坎儿井的集水段向上游延伸否则水量将减少。因施工条件差，劳动强度大，经常会发生工伤事故，有经验的挖坎老工匠已逐渐减少，颇有后继乏人之忧。

最后，暗渠一般都没有相关的防渗衬砌，输水损失大，每千米可达16%以上，影响了当地的灌溉效益。

坎儿井充满了趣味，在新疆维吾尔自治区，年龄最大的坎儿井是吐尔坎儿井。吐尔，在维吾尔语中是烽火台的意思。位于吐鲁番市恰特卡勒，全长3.5千米，日水量可浇1.3公顷地，1520年挖成，已经有近500岁了。

最长的坎儿井是鄯善县的红土坎儿井。红土坎儿井全长25千米，日浇地约3.9公顷。

最短的坎儿井是吐鲁番市艾丁湖的阿山尼牙孜坎儿井，全长仅150米，日水量浇地约0.06公顷。

竖井最深的坎儿井是鄯善吐峪沟东部的努尔买提主任坎儿井，全长约为20.7千米，井深98米，日浇地约1.6公顷。

水量最大的坎儿井是吐鲁番市艾丁湖乡吾力托尔坎村欧吐拉坎儿井，日水量浇地约4.7公顷。

水量最小的坎儿井是吐鲁番亚尔乡伊里木村的克其尔坎儿井，全长300米，日水量浇地约0.04公顷。

■ 坎儿井雕塑

烽火台 又称"烽燧"，俗称"烽堠""烟墩""墩台"。是我国古代时用于点燃烟火传递重要消息的高台，是古代重要军事防御设施，是为防止敌人入侵而建的。遇有敌情发生，则白天施烟，夜间点火，台台相连，传递消息，是最古老但行之有效的消息传递方式。

吐鲁番地区的坎儿井，都有自己的名字。其命名方式多种多样，不拘一格。有的以掘井人的人名和姓氏来命名，如"杨西成坎儿井""土勒开坎儿井""何元坎儿井""艾提巴克坎儿井"，艾提巴克是维吾尔族人名。

关于土勒开坎儿井，还有一段凄美的故事。

在当时，所有坎儿井的开挖，都是一个人在挥镐破土，低着头弯着腰，把一筐一筐沉重的土挂到一根绳子上，然后由地面的人用辘轳一圈一圈摇上来。

无论寒暑酷夏，掏挖坎儿井的工程都是在继续。只要是农闲时间一个村的男的成年劳力，都主动地去掏捞坎儿井，女的则送饭送水。

一个叫尼亚孜的年轻人带领一个组在开挖坎儿井，他们挖了一年多的时间，还没挖出水，许多人都气馁了。但是这个年轻人执着地要继续挖下去，不然整个村庄将面临着断水的危险，他日夜冥思苦想，想问题究竟出现在了哪里。

一天，他年轻美貌的妻子阿依先木汗又在给他送饭，看到一只火红的狐狸，在一片空地上转悠，她被那美丽光滑的狐狸所吸引，不自觉地追那只狐狸而去，竟然撞到一棵老桑树上。在一片殷红的血迹中，那个红狐狸突然间消失，而阿依先木汗再也没有醒过来。

这个壮年的汉子伤心欲绝，大哭一场。

但是第二天他依旧拿起工

坎儿井源头的河流

具下井挖水，白花花的水竟然扑面而来，他兴奋地扑到水里大喊，整个村庄沸腾了！但是尼亚孜失去了他心爱的妻子。

后来，人们都说，那个美丽的狐狸就是阿依先木汗。人们为了感谢神灵的救助，就把这条坎儿井取名为"土勒开坎儿井"。

一道坎儿井就是一个悲喜交加的故事，一道道坎儿井养育一个个有着故事的小镇。

坎儿井的水始终以一种恒久不变的姿态流淌着，水里有着雪山的清冽，有着隔世的纯净，也有着汗水的释放，有着掏捞坎儿井人血液中浓烈的盐分。一条河流把粗劣的外表袒露在外，把无尽的柔美和无穷的想象深深地隐藏。

有的坎儿井还以动植物的名称来命名，如"尤勒滚坎儿井"，而"尤勒滚"在维语中是红柳的意思；"提开坎儿井"，"提开"在维语中则是公山羊的意思。

有的则以地名和地理方位命名，如"吐尔坎儿井"，吐尔在维语中指烽火台，因井旁有烽火台故名；"边西坎儿井"，边西是维语，是一个地名。

新疆坎儿井井渠

有的以水的味道命名，如"西喀力克坎儿井"，西喀力克是维吾尔语甘甜的意思；"阿其克坎儿井"，阿其克在维吾尔语中有苦味的意思。

有的以职务和职业来命名，如"吉力力团长坎儿井""木匠坎儿井""醋房坎儿井""大毛拉坎尔井"等，大毛拉是伊斯兰教

■坎儿井雕塑

的一种职称。

有的则以其他的方式来命名，如"博斯坦坎儿井"，博斯坦是维吾尔语绿洲之意；"霍日古力坎儿井"，霍日古力是"办事不彻底之意"；"阿扎提坎儿井"，阿扎提在维吾尔语中则是解放之意。

在新疆，大约有坎儿井1600多条，分布在吐鲁番盆地、哈密盆地、南疆的皮山、库车和北疆的奇台、阜康等地，总出水量每秒约10立方米。其中以吐鲁番盆地最多最集中，最盛时达1237条，总长超过5000千米。

吐鲁番坎儿井如同其盛产的葡萄一样，蜚声全国，坎儿井曾是吐鲁番盆地农田灌溉和日常生产生活的主要水源，在社会经济生活中具有极其重要的作用。

林则徐不是坎儿井的发明者，但他提倡推广坎儿井却是有大功的。坎儿井在林则徐入疆之前，早已存在。

■坎儿井遗址

　　1845年农历正月十九，林则徐首次到吐鲁番，他在日记中写得很清楚：

　　　　见沿途多土坑，询其名曰卡井……水从土中穿穴而行，诚不可思议之事。

　　据《新疆图志》记载：

　　　　林文忠公谪戍伊犁，在吐鲁番提倡坎儿井。其地为火洲，亘古无雨泽，文忠命于高原掘井而为沟，导井以灌田，遂变赤地为沃壤。

　　从1845年至1877年的两年时间内，在林则徐的推动下，吐鲁番、鄯善和托克逊新挖坎儿井共300多条。

　　《鄯善乡土志》记载：

　　　　用坎水溉田创之者林则徐，兰坡黄氏继之，迄今坎井鳞次利赖无穷焉。

鄯善七克台乡现有60多条坎儿井，据考证多数是林则徐来吐鲁番后新开挖的。为了纪念林则徐推广坎儿井的功劳，当地群众把坎儿井称之为"林公井"，以表达自己的崇敬仰慕之情。

林则徐，字少穆，是我国古代历史上杰出的政治家和民族英雄。

1785年8月30日，林则徐出生于一个下层知识分子家庭。19岁中举，26岁殿试二甲第四名，选翰林院庶吉士。

此后，林则徐先后任江西、云南乡试正、副考官，江苏、陕西按察使，湖北、湖南布政使。在任期间，秉公执法，为政清廉，人称"林青天。"

1840年，林则徐担任两广总督，他上任后，招募水勇，督造战船，组织兵勇操练，禁绝鸦片，抗击英军，名垂青史。

鸦片战争失败，林则徐负罪遣戍伊犁。其间，先后在南北疆兴修水利，垦荒屯田，表现了卓越的施政才干和实干精神。

《荷戈纪程》是林则徐赴戍新疆的真实记录。林

殿试 为宋、金、元、明、清时期科举考试之一。又称"御试""廷试""廷对"，即指皇帝亲自出题考试。会试中选者始得参与，目的是对会试合格区别等第。殿试为科举考试中的最高一段。由武则天创制，宋代始为常制。明清时期殿试后分为三甲，一甲三名赐进士及第。二甲赐进士出身。三甲赐同进士出身。

■坎儿井木质辘轳

则徐遣戍新疆后，曾四次来过吐鲁番。

1845年2月25日，奉道光皇帝之命，林则徐同黄南坡、二子聪彝取道根忒克台到达吐鲁番。海秋帆，同知福致堂，陆巡检郑湘出城郊迎，礼节甚恭。

这次到吐鲁番，林则徐共住了六天。除了会见当地地方官员外，就是回复家信，一口气竟写了17封！

1845年8月1日，林则徐在南疆勘地后，起程去哈密候旨途中，路经吐鲁番。这是第二次。

1845年9月23日至10月中旬，林则徐在托克逊伊拉里克复勘11万亩土地后，曾两次到过吐鲁番。

林则徐与托克逊在吐鲁番逗留了六天之后，林则徐到托克逊小憩，集中力量"为友人书写求件，以践前约。"林则徐擅长书法，"公书具体欧阳，诗宗白傅。"堪称一绝，为时人所重。

在伊犁，"求题咏者虽踵接，不暇应也"，"远近争宝之"，"伊犁为塞外大都会，不数月缣楮一空，公手迹遍冰天雪海中矣。"

在乌鲁木齐，向林公求字的人不在少数。为了办成答应过别人的事，他花了两天时间，写了50多副条幅。

■撒哈拉沙漠坎儿井水井

伊犁将军布彦泰专门请他书写的"神圃"以及为黄冕写的行楷七言联"西塞论心亲旧雨，东山转眼起停云"，都是在托克逊完成的。

伊拉里克地处吐鲁番盆地西缘，"地平土阔"。阿拉泽浑河从天山东流而出，消失在戈壁沙漠之中。1845年春，年逾花甲的林则徐，冒风沙，顶烈日到伊拉里克督办垦务，兴修水利，不到半年，就垦地0.7万公顷。

在伊拉里克的满卡，林则徐在新开荒地的东西两面，以"人寿年丰"四字分号，汉族、维吾尔族垦区分段，各设正副户长一人，乡约四章，让移民承领耕种，成为托克逊最富饶的农区之一。

在林则徐到新疆办水利之前，坎儿井限于吐鲁番，为数30余处，后来，在林则徐的带领下，推广到伊拉里克等地，并又增开60余处，共达百余处。很显然，这些成就的取得与林则徐的努力是分不开的。

新疆兴建坎儿井的高潮还有一次，那便是在1883年左宗棠进兵新疆以后了。

1886年朝廷建新疆行省，号召军民大兴水利。在吐鲁番修建坎儿井近200处，在鄯善、库车、哈密等处都新建不少坎儿井，并进一步扩展到天山北麓的奇台、阜康、巴里坤和昆仑山北麓皮山等地。

可以说，坎儿井是我国古代伟大的水利建筑工程之一，它可与长城、大运河相媲美。吐鲁番坎儿井是世世代代生活在吐鲁番的各族劳动人民的聪明智慧的结晶。

坎儿井水，是吐鲁番各族人民用勤劳的双手和血汗换来的"甘露"。勤劳勇敢的吐鲁番人民自古以来不但为开发大西北，巩固祖国边疆建立过"汗马

七言 是绝句的一种，属于近体诗范畴。绝句是由四句组成，有严格的格律要求。常见的绝句有五言绝句和七言绝句，还有很少见的六言绝句。每句七个字的绝句即是七言绝句。七言绝句出现于六朝时期，成熟于唐代，盛唐时期著名边塞诗人王昌龄被称为"七绝圣手"。

功劳"，并为神奇的"火州"大地留下了一道道地下长河，那就是坎儿井。给方兴未艾的"吐鲁番学"留下了一部取之不尽、用之不竭的"坎儿井文化史"。

坎儿井是吐鲁番各族人民与大自然作斗争，开发大西北、利用自然和改造自然的一大功绩。坎儿井的开凿工艺是吐鲁番人民世世代代口授心传的优秀非物质文化遗产。

一方面，坎儿井是我国古代劳动人民留下的不可多得的珍贵历史文化遗产，具有极高的历史价值和科学价值。另一方面，坎儿井具有不可替代的实用价值。

坎儿井历经百年，每年仍然在源源不断地向吐鲁番提供着近3亿立方米的地下水，滋润着盆地内的土地，特别是在相当部分的乡、村，坎儿井仍是当地饮用和灌溉用水的主要源流，是"生命之泉"。

阅读链接

最早在春秋战国时期出现坎儿井一词。《庄子·秋水篇》中曾有"子独不闻夫坎儿之蛙乎"之句。唐代西州文书中，有"胡麻井渠"的记载。

1575年，石茂华《远夷谢恩求贡事》一文中有关于"牙坎儿"的记载。至清代乾隆年间则称之为"卡井"。

汉代的陕西关中就有挖掘地下窨井技术的创造，被称为"井渠法"。

汉通西域后，塞外乏水而且沙土较松易崩，就将"井渠法"取水方法传授给了当地人民，后经各族人民的辛勤劳作，逐渐趋于完善，发展为适合新疆条件的坎儿井。

清代末期因坚决禁烟而遭贬并充军新疆的爱国大臣林则徐在吐鲁番时，对坎儿井大为赞赏。坎儿井的清泉浇灌滋润着这片火洲，使戈壁变成绿洲良田。

京杭大运河全长1794千米，是世界上最长的人工运河。京杭大运河，古名"邗沟""运河"，是世界上里程最长、工程最大、最古老的运河，与长城并称为我国古代的两项伟大工程。

大运河南起余杭，北至涿郡，途经浙江、江苏等省及天津、北京，贯通海河、黄河、淮河、长江和钱塘江五大水系。

春秋吴国开凿，隋代大幅度扩修并贯通至都城洛阳而且连涿郡，元代翻修时弃洛阳而取直至北京。开凿以来已经有2500多年的历史，其部分河段依旧具有通航的功能。

中国威尼斯

京杭大运河

历代开凿的史实缘由

　　东南吴国的国君夫差，为了争霸中原，不断地向北扩张势力，在公元前486年引长江水经瓜洲，北入淮河。这条联系江、淮的运河，从瓜洲至淮安附近的末口，当时称为"邗沟"，长约150千米。

　　这条运河就是京杭大运河的起源，是大运河最早的一段河道。后

■京杭大运河石桥

■ 修筑运河的浮雕

来，秦、汉、魏、晋和南北朝又相继延伸了河道。

6世纪末至7世纪初，大体在邗沟的基础上拓宽、裁直，形成大运河的中段，取名"山阳渎"。在长江以南，完成了江南运河，这便是大运河的南段。

实际上，江南运河的雏形已经存在，并且早就用于漕运。

605年，隋炀帝杨广下令开凿一条贯通南北的大运河。这时主要是开凿通济渠和永济渠。

黄河南岸的通济渠工程，是在洛阳附近引黄河的水，行向东南，进入汴水，沟通黄、淮两大河流的水运。通济渠又叫"御河"，是黄河、汴水和淮河三条河流水路沟通的开始。

隋代的都城是长安，所以当时的主要漕运路线是沿江南运河至京口渡长江，再顺山阳渎北上，进而转入通济渠，逆黄河和渭河向上，最后抵达长安。

漕运 我国历史上一项重要的经济制度，是利用水道调运粮食的一种专业运输，是我国古代历代封建王朝将征自田赋的部分粮食经水路解往京师或其他指定地点的运输方式。水路不通处辅以陆运，多用车载，故又合称"转漕"或"漕挽"。运送粮食的目的是供宫廷消费、百官俸禄、军饷支付和民食调剂。

■ 京杭大运河沿途风光

尚书右丞 我国古代官名。公元前29年设置尚书，员五人，丞四人，光武帝减二人，始分左右丞。尚书左丞佐尚书令，总领纲纪；右丞佐仆射，掌钱谷等事，秩均四百石。历代沿置，为尚书令及仆射的属官，品级逐渐提高，隋、唐时至正四品。宋、辽、金亦置。金正二品，与参知政事同为执政官，为宰相佐贰。

黄河以北开凿的永济渠，是利用沁水、淇水、卫河等河为水源，引水通航，在天津西北利用芦沟直达涿郡，这个工程是分步实施的。

一是开凿东通黄河的广通渠。隋朝开始修建的一条重要的运河，是从长安东通黄河的广通渠。隋代初期以长安为都。从长安东至黄河，西汉时有两条水道，一条是自然河道渭水；另一条是汉代修建的人工河道漕渠。

渭水流浅沙深，河道弯曲，不便航行。由于东汉迁都洛阳，漕渠失修，早已淹废，隋朝只有从头开始打凿新渠。

581年，隋文帝即命大将郭衍为开漕渠大监，负责改善长安和黄河间的水运。但建成的富民渠仍难满足东粮西运的需要，三年后又不得不进行改建。

这次改建，要求将渠道凿得又深又宽，可以通航"方舟巨舫"，改建工作由杰出的工程专家宇文恺主持。在水工们的努力下，工程进展顺利，当年竣工。

新渠仍以渭水为主要水源，自大兴城，至潼关长达150余千米，命名为"广通渠"。新渠的航运量大大超过旧渠，除能满足关中用粮外，还有大量富余。

二是整治南通江淮的御河。隋炀帝即位后，政治中心由长安东移到洛阳，这就更加需要改善黄河、淮河和长江间的水上交通，以便南粮北运和加强对东南地区的控制。

605年，隋炀帝命宇文恺负责营建东京洛阳，每月派役丁200万人。同时，又令尚书右丞皇甫议，"发河南淮北诸郡男女百余万，开通济渠"。

此外，还征调淮南民工10多万扩建山阳渎。此次工程规模之大，范围之广，都是前所未有的。

通济渠可分东西两段。西段在东汉阳渠的基础上扩展而成，西起洛阳西面。以洛水及其支流谷水为水源，穿过洛阳城南，至偃师东南，再循洛水入黄河。

东段西起荥阳西北黄河边上的板渚，以黄河水为水源，经开封及

■京杭大运河塘栖风情小镇石碑

杞县、睢县、宁陵、商丘、夏邑、永城等县。再向东南，穿过安徽的宿县、灵璧和泗县，以及江苏的泗洪县，至盱眙县注入淮水，两段全长近1000千米。

山阳渎北起淮水南岸的山阳，径直向南，至江都西南汇入长江。

两条渠都是按照统一的标准开凿的，并且两旁种植柳树，修筑御道，沿途还建离宫40多座。由于龙舟船体庞大，御河必须凿得很深，否则就无法通航。

通济渠与山阳渎的修建与整治是齐头并进的，施工时虽然也充分利用了旧有的渠道和自然河道，但因为它们有统一的宽度和深度，因此，主要还是依靠人工开凿，工程浩大而艰巨。

但是整个开凿却是历时短暂，从三月动工，至八月就全部完成了。工程完成后，隋炀帝立刻从洛阳登上龙舟，带着后妃、王公和百官，乘坐着几千艘舳舻，南巡江都。

三是修建北通涿郡的永济渠。在完成通济渠、山阳渎之后，隋炀帝决定在黄河以北再开一条运河，即永济渠。

■京杭大运河河边栏杆

■京杭大运河永济渠石刻

608年，"诏发河北诸郡男女百余万，开永济渠，引沁水南达于河，北通涿郡。"

永济渠也可分为两段，南段自沁河口向北，经河南的新乡、汲县、滑县、内黄；河北的魏县、大名、馆陶、临西、清河；山东的武城、德州；河北的吴桥、东光、南皮、沧县、青县，抵达天津。

北段自天津折向西北，经天津的武清、河北的安次，到达北京境内的涿郡。南北两段都是当年完成。

永济渠与通济渠一样，也是一条又宽又深的运河，全长900多千米。深度与通济渠相当，因为它也是一条可以通航龙舟的运河。

611年，炀帝自江都乘龙舟沿运河北上，率领船队和人马，水陆兼程，最后抵达涿郡。全程2000多千米，仅用了50多天，足见其通航能力之大。

四是疏浚纵贯太湖平原的江南河。太湖平原修建运河的历史非常悠久。春秋时期的吴国，即以都城吴为中心，凿了许多条运河，其中一条向北通向长江，一条向南通向钱塘江。

夏禹（前2081年—前1978年），字高密，后世尊称为"大禹"，也称"帝禹"，为夏后氏首领、夏朝第一任君王，是我国传说时代与尧、舜齐名的贤圣帝王，他最卓著的功绩，就是历来被传颂的治理滔天洪水，又划定我国国土为九州。

这两条南北走向的人工水道，就是我国最早的江南河。

这条河在秦汉、三国、两晋、南北朝时期进行过多次整治，至隋炀帝时，又下令作进一步疏浚。

据《资治通鉴》中记载：

大业六年冬十二月，敕穿江南河，自京口至余杭，八百余里，广十余丈，使可通龙舟，并置驿宫、草顿，欲东巡会稽。

会稽山在浙省绍兴东南，相传夏禹曾大会诸侯于会稽，秦始皇也曾登此山以望东海。隋炀帝好大喜功，大概也要到会稽山，效仿夏禹、秦皇，张扬自己的功德。

■ 京杭大运河浮雕

■ 京杭大运河苏州段古桥

广通渠、通济渠、山阳渎、永济渠和江南河等渠道，可以算作各自独立的运输渠道。但是由于这些渠道都以政治中心长安和洛阳为枢纽，向东南和东北辐射，形成完整的体系。同时，它们的规格又基本一致，都要求可以通航方舟或龙舟，而且互相连接，所以，又是一条大运河。

这条从长安和洛阳向东南通至余杭，向东北通至涿郡的大运河，是当时最长的运河。

由于它贯穿了钱塘江、长江、淮河、黄河和海河五大水系，对加强国家的统一，促进南北经济文化的交流，都是很有价值的。

在以上这些渠道中，通济渠和永济渠是这条南北大运河中最长最重要的两段，它们以洛阳为起点，成扇形向东南和东北张开。

洛阳位于中原大平原的西缘，海拔较高。运河工程充分利用这一东低西高，自然河水自西向东流向的特点，开凿时既可以节省人力和物力，航行时又便于船只顺利通过。特别是这两段运河都能够充分利用丰富的黄河之水，使水源有了保证。

这两条如此之长的渠道，能这样很好地利用自然条件，证明当时水利科学技术已有很高的水平。

■ 京杭大运河苏州段

武则天（624年—705年），是一位女政治家和诗人，我国历史上唯一正统的女皇帝，也是即位年龄最大、寿命最长的皇帝之一。705年正月，武则天病笃，上尊号"则天大圣皇帝"，后遵武氏遗命改称"则天大圣皇后"，以皇后身份入葬乾陵，716年改谥号为则天皇后，749年加谥则天顺圣皇后。

开凿这两条最长的渠道，前后用了六年的时间。这样就完成了大运河的全部工程。隋代的大运河，史称"南北大运河"，贯穿了河北、河南、江苏和浙江等省。运河水面宽30米至70米，长约2700多千米。

唐代的运河建设，主要是维修和完善隋代建立的这一大型运河体系。同时，为了更好地发挥运河的作用，对旧有的漕运制度，还作了重要改革。

隋文帝时期穿凿的广通渠，原是长安的主要粮道。当隋炀帝将政治中心由长安东移洛阳后，广通渠失修，逐渐淤废。唐代定都长安，起初因为国用比较节省，东粮西运的数量不大，年约几十万石，渭水尚可勉强承担运粮任务。

后来，京师用粮不断增加，严重到了因为供不应求，皇帝只好率领百官和军队东到洛阳就食的地步。特别是武则天在位期间，几乎全在洛阳处理政务。

于是，在742年，启动了重开广通渠的工程。新水道名叫"漕渠"，由韦坚主持。

当时在咸阳附近的渭水河床上修建兴成堰，引渭水为新渠的主要水源。同时，又将源自南山的沣水和浐水也拦入渠中，作为水源补充。

漕渠东至潼关西面的永丰仓与渭水汇合，长150多千米。漕渠的航运能力较大，漕渠贯通当年，即"漕山东粟四百万石"。

将山东粟米漕运入关，还必须改善另一水道的航运条件，即解决黄河运道中三门砥柱对粮船的威胁问题。这段河道水势湍急，溯河西进，一船粮食往往要数百人拉纤，而且暗礁四伏，过往船只，触礁失事近乎一半。

为了避开这段艰险的航道，差不多与重开长安、渭口间的漕渠同时，陕郡太守李齐物组织力量，在三门山北侧的岩石上施工，准备凿出一条新的航道，以取代旧的航道。

经过一年左右的努力，虽然凿出了一条名叫"开

隋文帝 （541年—604年），即杨坚，隋朝开国皇帝。汉太尉杨震十四世孙。他在位期间成功地统一了严重分裂数百年的我国，开创先进的选官制度，发展文化经济，使得我国成为盛世之国。文帝在位期间，隋朝开皇年间疆域辽阔，人口达到700余万户，是中国农耕文明的巅峰时期。杨坚是西方人眼中最伟大的中国皇帝之一。被尊为"圣人可汗"。

■漕渠漕运浮雕

汴水 古水名，一说晋后隋以前指始于河南荥阳汴渠，东循狼汤渠，获水，流至江苏徐州时注入泗水的水运干道，一说唐宋时期人称隋代所开通济渠的东段为汴水、汴渠或汴河。发源于荥阳大周山洛口，经中牟北五里的官渡，从"利泽水门"和"大通水门"流入里城，过陈留、杞县，与泗水、淮河汇集。

元新河"的水道，但因当地石质坚硬，河床的深度没有达到标准，只有在黄河大水时可以通航，平时不起作用，三门险道的问题远远没有解决。

通济渠和永济渠是隋代兴建的两条最重要的航道。为了发挥这两条运河的作用，唐代对它们也作了一些改造和扩充。

隋代的通济渠，唐代称"汴河"。唐代在汴州东面凿了一条水道，名叫"湛渠"，接通了另一水道白马沟。白马沟下通济水。这样一来，便将济水纳入汴河系统，使齐鲁一带大部分郡县的物资，也可以循汴水西运。

唐代对永济渠的改造，主要有以下两个工程。

一是扩展运输量较大的南段，将渠道加宽至60米，浚深至8米，使航道更为通畅；二是在永济渠两侧凿了一批新支渠，如清河郡的张甲河，沧州的无棣

■京杭大运河拱宸桥

■ 京杭大运河塘栖
古镇建筑

河等，以深入粮区，充分发挥永济渠的作用。

对唐朝朝廷来说，大运河的主要作用是运输各地粮帛进京。为了发挥这一功能，唐代后期对漕运制度作了一次重大改革。唐代前期，南方征租调配由当地富户负责，沿江水、沿运河直送洛口，然后政府再由洛口转输入京。

这种漕运制度，由于富户多方设法逃避，沿途无必要的保护，再加上每一艘船很难适应江、汴河的不同水情，因此问题很多。如运期长，从扬州至洛口，历时长达九个月。又如事故多、损耗大，每年都有大批的舟船沉没，粮食损失非常严重。

安史之乱后，这些问题更为突出。于是，从763年开始，御史刘晏对漕运制度进行改革，用分段运输代替了直接运输。

当时规定：江船不入汴河，江船之运至扬州；汴船不入河，汴船之运至河阴；河船不入渭，河船之运至渭口；渭船之运入太仓。承运工作也雇专人承担，

御史 史，是我国古代的一种官名。先秦时期，天子、诸侯、大夫、邑宰皆置，是负责记录的史官和秘书官。国君置御史，自秦朝开始，御史专门为监察性质的官职，一直延续至清代。汉御史因职务不同有侍御史、治书侍御史。北朝魏、齐沿设检校御史，隋改为监察御史。隋又改殿中侍御史为殿内侍御史。唐代有侍御史、殿中侍御史、监察御史。

并组织起来，十船为一纲，沿途派兵护送等。

分段运送，效率大大提高，自扬州至长安40天可达，损耗也大幅度下降。

梁、晋、汉、周、北宋都定都在汴州，称为"汴京"。北宋历时较长，为进一步密切京师与全国各地经济、政治联系，修建了一批向四方辐射的运河，形成新的运河体系。

它以汴河为骨干，包括广济河、金水河和惠民河，合称"汴京四渠"。并通过汴京四渠，向南沟通了淮水、扬楚运河、长江和江南河流等；向北沟通了济水、黄河和卫河。

五代时期，北方政局动荡，频繁更换朝代，在短短的53年中，历经后梁、后唐、后晋、后汉、后周五个朝代，对农业生产影响很大。而南方政局比较稳定，农业生产持续发展。

北宋时期，朝廷对南粮的依赖程度进一步提高。汴河是北宋南粮北运的最主要水道。汴京每年调入的粮食高达600万石左右，其中大部分是取道汴河的南粮。

因此，北宋时期朝廷特别重视这条水道的维修和治理。例如991年，汴河决口，宋太宗率领百官，一起参加堵口。

■京杭运河之台儿庄大运河段

■ 杨柳青御河

　　元代定都大都后，要从江浙一带运粮到大都。但隋代的大运河，在海河和淮河中间的一段，是以洛阳为中心向东北和东南伸展的。为了避免绕道洛阳，裁弯取直，元代就修建了济州、会通和通惠等河。

　　元代开凿运河主要有以下几项重大工程：

　　一是开凿济州河和会通河。从元代都城大都至东南产粮区，大部分地方都有水道可通，只有大都和通州之间、临清和济州之间没有便捷的水道相通，或者原有的河道被堵塞了，或者原来根本没有河道。因此，南北水道贯通的关键就是在这两个区间修建新的人工河道。

　　在临清和济州之间的运河，元代分两期修建，先开济州河，再开会通河。济州河南起济州，北至须城，长75千米。人们利用了有利的自然条件，以汶水和泗水为水源，修建闸坝，开凿渠道，以通漕运。

　　会通河南起须城的安山，接济州河，凿渠向北，经聊城，至临清接卫河，长125千米。它同济州河一样，在河上也建立了许多闸坝。这两段运河凿成后，南方的粮船可以经此取道卫河、白河，到达通州。

　　二是开凿坝河和通惠河。由于旧有的河道通航能力很小，元代很需要在大都与通州之间修建一条运输能力较大的运河，以便把由海

■ 京杭大运河美景

运、河运集中到通州的粮食，转运至大都。于是相继开凿了坝河和通惠河。

首先兴建的坝河，西起大都光熙门，向东至通州城北，接温榆河。光熙门是当时主要的粮仓所在地。

这条水道长约20多千米，地势西高东低，差距20米左右，河道的比降较大。为了便于保存河水，利于粮船通航，河道上建有七座闸坝，因而这条运河被称为"坝河"。后来因坝河水源不足，水道不畅，元代又开凿了通惠河。

负责水利的工程技术专家郭守敬，先千方百计开辟水源，并引水到积水潭蓄积起来，然后从积水潭向东开凿通航河段，经皇城东侧南流，南至文明门，东至通州接潮白河。这条新的人工河道，被忽必烈命名为"通惠河"。

通惠河建成之后，积水潭成了繁华的码头，"舳舻蔽水"，热闹非常。

元代开凿运河的几项重大工程完成后，便形成了京杭大运河，全长1700多千米。京杭大运河利用了隋代的南北大运河不少河段。如果从北京至杭州走运河水道，元代的比隋代的缩短了900多千米的航程，是最长的人工运河。

大运河建成之后，元大都的粮食、丝绸、茶叶和水果等生活必需品，大部分都是依赖大运河从南方向京城运输。而至明代，建设北京城的砖石木料，也是通过大运河运抵京城，于是民间老百姓就形象地说北京城是随水漂来的。

明代，永乐皇帝称帝后，定都北京。永乐皇帝是一位非常有理想的皇帝，他要营建"史上最伟大"的宫城紫禁城。当时营建紫禁城所需砖石木料只靠北京本地的供给是远远不够的，为此营建紫禁城的砖石木料大量从南方运往京城。

这些砖石木料体量巨大，如果走陆路费时费力，唯有走水路最为快捷省力，因此京杭大运河成了人们的首选。

可是明代通惠河浅涩，不能行船，南方走大运河而来的建筑材料不能直接到达北京城，只能先运到张家湾卸载，储存在张家湾附近，再走陆路转运至北京城里。因此，在张家湾附近依据储存的不同材料而形成各种厂，如皇木厂、木瓜厂、铜厂、砖厂、花板石厂等等。

随着历史的发展，在这些厂中只有皇木厂、木瓜厂和砖厂形成了居民聚落，最后发展成村落，其中皇木厂是最为有名的。

阅读链接

京杭大运河始凿于春秋战国，历隋代而全线贯成。北起北京，南迄杭州，全长1794千米，无论历史之久、里程之长，均居普天下的运河之首。

2000余年来，大运河几历兴衰。漕运之便，泽被沿运河两岸，不少城市因之而兴，积淀了深厚独特的历史文化底蕴。

有人将大运河誉为"大地史诗"，它与万里长城交相辉映，在中华大地上烙了一个巨大的"人"字，同为汇聚了中华民族祖先智慧与创造力的伟大结构。

给人启迪的文化内涵

京杭大运河是普天下开凿最早，里程最长的人工运河。

它是古代我国人民创造的伟大水利工程，是我国历史上南粮北运、水利灌溉的黄金水道，是军资调配、商旅往来的经济命脉，是沟通南北、东西文化交融的桥梁，是集中展现历史文化和人文景观的古

■京杭大运河苏州段

代文化长廊。

■ 京杭大运河扬州桥梁

大运河承载着上千年的沧桑风雨，见证了沿河两岸城市的发展与变迁，积淀了内容丰富和底蕴深厚的运河文化，是中华民族弥足珍贵的物质和精神财富，是中华文明传承发展的纽带。

大运河文化遗产内涵宏富，概括起来主要包括以下内容：

运河河道以及运河上的船闸、桥梁、堤坝等基础设施；运河沿岸地下遗存的古遗址、古墓葬和历代沉船等；沿岸的衙署、钞关、官仓、会馆和商铺等相关设施；依托运河发展起来的城镇乡村，以及古街、古寺、古塔、古窑、古驿馆等众多历史人文景观；与运河有关联的各种文化遗产。

那么，大运河的这些文化遗产，到底有哪些主要的文化内涵呢？

一是城镇的文化内涵。

衙署 我国古代官吏办理公务的处所。《周礼》称"官府"，汉代称"官寺"，唐代以后称"衙署""公署""衙门"。衙署是一个城镇中的主要建筑，大多有规划地集中布置，采用庭院式布局，建筑规模视其等第而定。

■ 京杭大运河扬州古建

会馆 是明清时期都市中由同乡或同业组成的封建性团体。始设于明代前期，最早的会馆是建于永乐年间的北京芜湖会馆。嘉靖、万历时期趋于兴盛，清代中期最多。明清时期大量工商业会馆的出现，在一定条件下，对于保护工商业者的自身的利益，起到了一定的作用。

运河的文明史与运河的城镇发展史关系密切。因为运河跨越时空数千年，联系着我国的南北方广阔地域，使运河沿线城市和乡村的社会结构、生产关系、人们的生活习俗、道德信仰，无不打上深深的"运河"烙印，这是运河文明的再现与物化。

山东省济宁的发展与运河休戚相关。元代会通河打通以后，使济宁"南通江淮，北达京畿"，迅速发展成为一座经济繁荣的贸易中心。明清时期，济宁为京杭运河上七个对外商埠之一。

江苏徐州在历史上素有"五省通衢"之称，从汉代开始就是江淮地区漕粮西运的枢纽。京杭运河建成后，徐州就成为我国南粮北运与客商往来必经之路。

位于苏北骆马湖之滨的窑湾古镇，是借助京杭运河发展起来的一个典范。在窑湾古镇上，仍保留着许多明清时期鳞次栉比的富商宅院和当年商帮气势恢宏的会馆建筑。

淮安被称为"运河之都"，它的命运随着大运河的兴衰而变化。公元前486年，古邗沟联通江淮以后，淮安就成为"南船北马"的转运码头。在邗沟入淮的末口迅速兴起了一个北辰镇。

隋唐北宋时期，淮安成为我国南北航运的枢纽和运河沿线一座名城，白居易在诗文中称淮安为"淮水东南第一州"。

明清时期，"天下财富，半出江南"。朝廷对江南的需求越来越多，为了维护漕运安全，明清两代都把漕运与河道总督府设在淮安，此时的淮安扼漕运、盐运、河工、榷关、邮驿之机杼。

大量的货物、商旅人员源源不断涌进淮安。当时的淮安市井繁华、物资丰富，各色人等汇聚，进入到历史上最为鼎盛时期，成为运河线上与扬州、苏州、杭州齐名的"四大都市"之一。

在历史上，扬州的空前繁荣与富足，主要原因还是它的航运枢纽地位，漕运、盐运的咽喉地位所致。从东汉广陵太守陈登对古邗沟进行疏通改线后，运河

太守 原为战国时代郡守的尊称。西汉景帝时，郡守改称为"太守"，为一郡最高行政长官。历代沿置不改。南北朝时期，新增州渐多。郡之辖境缩小，郡守权为州刺史所夺，州郡区别不大，至隋代初期，遂存州废郡，以州刺史代郡守之任。此后太守不再是正式官名。明清时期则专称"知府"。

中国威尼斯

京杭大运河

■ 京杭运河扬州段
扬州瘦西湖

的通航能力大为增强，使扬州迎来了它的第一个繁荣时代。

从此，扬州的日趋繁荣，唐宋时期，扬州迎来了历史上第二个繁荣时代。

明清时期，京杭运河运输能力的提高，使扬州进入了最为鼎盛的时期。根据有关资料，1772年，清朝朝廷中央户部仅存银7800余万两，而扬州盐商手中的商业资本几乎与之相等。

至清代末年，漕粮改为海运，运河交通迅速衰落，至光绪时期后期，漕运停止，沿运河发展而繁华起来的许多城市有所凋敝。

二是运河的漕运文化内涵。

漕运文化是我国古代社会、经济、文化和科技发展水平的集中体现。运河是活着的文化遗产，漕运文化是运河文化的内涵之一。

漕运兴于秦而亡于清。漕运对我国历代政权的存在和延续发挥了巨大的作用，因此，发展漕运历来为历代的统治者所重视。

宋代人承认，漕运为"立国之本"，明代学者将运河与漕运喻之为"人之咽喉"，并且，清代思想家康有为也说："古代漕运之制，

■ 京杭运河扬州瘦西湖沿岸

■京杭运河扬州瘦西湖

为中国大政。"

京城是封建王朝的国都，这里人口密集，经济繁荣，如何保证京城皇宗和显贵，以及社会上不同人们的生活需求供应，是国家的一件大事。

唐代初期，每年漕运粮食只有20万石左右，至天宝时期，每年漕运增至400万石。安史之乱以后，因地方割据势力劫取漕粮，岁运漕粮不过40万石，能进陕渭粮仓的十三四万石。

唐德宗建中年间，淮南节度使李希烈攻陷汴州，使唐朝朝廷失去了汴渠漕运的控制权，因物资供应不上，使得京城陷入绝境，唐帝国处在风雨飘摇之中。

789年，有一次长安城发生粮荒时，恰好江淮的镇海军节度使韩滉把3000石米运到关中，皇帝大喜，对太子说道："米已至陕，我父子得生矣！"

这个典型事例，生动地说明了漕运与国家命运的

节度使 我国古代官名，是我国唐代开始设立的地方军政长官。因受职之时，朝廷赐以旌节而得名。节度一词出现甚早，意为节制调度。唐代节度使渊源于魏晋以来的持节都督。北周及隋改称总管。唐代称都督。贞观以后，设置行军大总管统领诸总管。唐高宗时，大总管演变成统率诸军、镇、守捉的大军区军事长官，于是节度使应时出现。

■ 京杭运河苏州路
段美景

密切关系。

至宋朝，对漕运非常重视，宋太祖曾对向他献宝的大臣说过："朕有三件宝带与此不同……汴河一条，惠民河一条，五丈河一条。"

明清两代除了重视京杭大运河的整治和运河航运工程建设外，也非常重视漕运的管理工作。

明代永乐皇帝迁都北京后，为了保证把漕粮如数运达北京，明朝朝廷设置了专门的军管和政府管两套班子，制定了许多漕运管理制度和保障措施。

漕运总兵和总督一职的官员级别一般是正二品或三品，朝廷还派五名户部主持官充任监总官，往返巡查，以监督兑运。地方衙门还设置趱运官和押运官，负责漕粮进京准时到达。

为了及时处理漕运途中出现的刑事案件，明朝朝廷又设置了巡漕御史，理刑主事等官职。在基层漕官中还设置卫守备，统管本卫各帮人船。卫守备之下有千总，千总之下设把总和外委等下级军官，协助千总管理本帮漕务。

漕运沿途还有各种役夫，分为闸夫、溜夫，即挽船、坝夫，即挽船过坝、浅夫，即护堤、泉夫、湖夫、塘夫，即供水、捞沙夫、挑港夫等，从北京通州至江苏瓜州的京杭运河，共设各种役夫47000多人。

清代京杭运河管理机构及漕务管理办法沿袭明制。漕运总督官衔为二品，参将为正三品，均属于位高权重的大吏。

各代封建王朝，在繁盛时期，一靠强大的中央集权政治统治，二靠庞大的漕运管理组织，把全国各地的粮食和物资源源不断地运往京城，维护着封建王朝的繁华局面。

当王朝统治者出现腐败无能、地方出现割据、诸

参将 明代镇守边区的统兵官，无定员，位次于总兵、副总兵，分守各路。明清时期漕运官设置参将，协同督催粮运。清代河道官的江南河标、河营都设置参将，掌管调遣河工、守汛防险等事务。清代京师巡捕五营，各设参将防守巡逻。

■ 台儿庄大运河

长江 古代文献中，"江"特指长江。发源于青藏高原唐古拉山主峰各拉丹冬雪山，流经三级阶梯，自西向东注入东海。长江支流众多，全长6397千米，和黄河并称为中华民族的"母亲河"。它是我国和亚洲第一长河、世界第三长河，仅次于非洲的尼罗河与南美洲的亚马逊河。

侯各霸一方的时候，国家的漕运也就难以维持了。

三是运河的水利文化内涵。

作为古代人工运河的大运河，充分利用了自然水域发展航运。

在开挖运河之前，人们先根据地形来设计运河线路，巧妙地把天然的大小河道湖泊洼地串联起来。这样，不仅节省工程量，同时使运河水源也有了保证。邗沟、鸿沟、通济渠、京杭运河等人工运河都充分体现了这个特点。

运河水源系统多元化，也是它的水文化内涵之一。邗沟的水源来自于长江和淮河。鸿沟的水源来源，除了黄河与淮河外，黄淮之间的许多湖泊和支流河道，都是鸿沟的水源。

淮河流域段的京杭运河水源更为复杂，山东省济宁境内因地势高运河水靠闸控制，所以称"闸漕"，

■ 京杭运河南阳古镇

水源除引汶、泗两条河水外，还有145个山泉供水。

苏鲁两省边境段运河称"河漕"。因运河是借黄河行运的。苏北南段运河称"湖漕"，因为该段运河靠湖泊供水。

运河水利工程技术先进，主要项目包括河道、闸坝、护岸与供水等项工程。在秦汉时期，是用斗门来调解水位。

至唐代，除了斗门还在使用外，在运河上出现了堰、埭建筑物。唐代后期，斗门又逐步向简单船闸演变。

至宋代，再用水力、人力或畜力拖船过堰的办法，已不能适应宋代航运事业发展的需要，于是，劳动人民就在这条运河上创建了复闸和澳闸。

复闸即船闸，创建于984年，这座船闸，史称"西河闸"。宋代人用船闸代替堰、埭，这不能不说是运河工程技术史上的一大创举。

澳闸就是在船闸旁开辟一个蓄水池，将船闸过船时流出的水或雨水，储入水澳，当运河供水不足时，再将水澳里的水提供给船闸使用。为此，可以说，澳闸解决了船闸水源不足的问题，也是运河工程技术的完善与进步。

元明清三代对京杭运河的开凿与整治工程做出巨大贡献的人有：科学家郭守敬，名臣宋礼、水利学家潘季驯、河道总督靳辅等人，以及汶上县老人白英。

尤其是明代永乐年间，工部尚书宋礼，采用白英的建议，引汶泗水济运，创建南旺运河水南北分流枢纽工程，解决了南旺运河水源不足的问题，受到后人的称颂。

创建运河南旺分水枢纽工程，使明清两代会通河保持勃勃生机，它是我国运河天人合一治水模式的一个典型示范，客观上符合水资源循环利用规律。

苏北黄淮运河交汇的清口河道曲折成"之"字形运河，是明清两代人民精心治理演变，逐步创造而成的一项伟大的航运科技成就。

江南漕船北上要翻过黄河进入中运河，必须通过清口盘山公路式的"之"字形运河，行程10千米，平均需要三四天时间，逆行需要人拉纤，走得很慢，下行如同坐滑梯，异常惊险。

■ 无锡古运河

在古代，我国人民巧妙地运用各种挡水的闸坝工程调控，创造出"之"字形河道，延长行程来减缓河水流速，保障航行安全，这是我国航运史上又一大创举。

四是京杭运河的文学艺术内涵。

人工运河是历代文人雅士展现其才华的平台，他们为运河而歌，也与运河荣辱与共。

山东济宁的人物之盛甲于齐鲁，名人巨卿和文人墨客侨寓特别多，春秋时孔子弟子及其后裔在此安家，唐朝诗人贺知章在任城做过官。济宁太白楼是唐代诗人李白常去饮酒赋诗，会朋别友之地，他的许多名篇，如《行路难》和《将进酒》等作品都是在此创作的。

李白在济宁居住时间较长，留下许多传奇故事。

汴水流，泗水流，汴水流，泗水流，
流到瓜洲古渡头，吴山点点愁。

这是唐代诗人白居易在徐州创作的《长相思》里的诗句。

唐代另一位大诗人韩愈不仅在徐州做过官，他的

■济宁太白楼

贺知章 (659年—744年)，号四明狂客，唐越州永兴人，贺知章少时就以诗文知名，695年中乙未科状元。他的诗文以绝句见长，除祭神乐章、应制诗外，其写景、抒怀之作风格独特，清新潇洒，著名的《咏柳》和《回乡偶书》两首脍炙人口，千古传诵。

■ 京杭大运河

水利古貌

古代水利工程与遗迹

八股 也称"时文""制艺""制义""四书文"，是我国明清两代考试制度所规定的一种特殊文体。八股文专讲形式、没有内容，文章的每个段落死守在固定的格式里面，连字数都有一定的限制。由破题、承题、起讲、入手、起股、中股、后股、束股八部分组成。

母亲李氏也是徐州人，他与徐州有着不解之缘。

北宋诗人苏轼任徐州知州，到任不到三个月，就带领军民抗御黄河洪水，奋战70多天，战胜了洪水，保住了徐州城，因此受到宋神宗皇帝褒奖。

苏轼在徐州任职两年，除政绩卓著外，还创作了170多首诗与大量的散文。

在徐州生活、工作或旅行的作家、诗人有很多，如我国古代山水诗人谢灵运、唐代诗仙李白、晚唐时期诗人李商隐、北宋时期政治家、文学家范仲淹、南宋时期民族英雄文天祥、元代诗人萨都剌、明代治水名臣潘季驯等，都为徐州留下了许多著名的诗篇和散文作品。

运河文化是淮安地区历史文化的主流。从文化品种来看，除诗、文、赋、八股等传统作品外，小说和戏曲创作成就更加显著。

在我国古典小说四大名著中，除《红楼梦》外，其它三部都与淮安有密切关系。

《水浒传》的作者施耐庵，在元末明初居住在江苏省淮安，他根据宋江等梁山好汉占领淮安时留下的传说故事和淮安画家龚开创作的《宋江三十六人画赞》等素材，妙手编著了一部有极高文学价值和社会价值的古典名著，开创了我国白话小说的先河。

罗贯中是施耐庵的学生，长期居于淮安，他除了协助老师著书外，自己还创作一部流传千古的名著《三国演义》。

吴承恩出生在淮安一个商人家庭，是土生土长的淮安人。他从小聪明，爱听神奇故事，爱读稗官野史，博览群书，这为他创作神话小说打了基础。

成年后，吴承恩在科举和仕途奔波中屡遭失败后，于1570年回到家乡淮安。他闭门读书，广泛收集资料，利用晚年时光创作了一部家喻户晓的著名神话小说《西游记》。

扬州是与运河同龄的一座历史古城。运河经济的繁荣，为文化发展奠定了基础。从汉代开始就有许多史学家和诗人，如辞赋家枚乘、邹阳，建安七子陈琳，南北朝杰出诗人鲍照等，都曾用诗赋文学作品

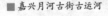
■嘉兴月河古街古运河

■ 苏州古运河

介绍了扬州的繁荣。

唐宋时期，扬州成为南北运河的枢纽，促进了扬州经济进入第二个繁荣时代。这时，各路文人墨客汇聚扬州，写出大量反映扬州繁荣的文史作品。

如北宋司马光在《资治通鉴》中说：

扬州富庶甲天下。

张祜诗写道：

十里长街市井连，月明桥上有神仙。

徐凝的诗写道：

天下三分明月夜，二分明月在扬州。

唐代扬州文化，如日中天，十分辉煌。史学家李廷光撰写了《唐代扬州史考》，其中就介绍了十多位扬州籍的学者、作家和艺术家。

在李廷光的另一部《唐代诗人与扬州》一书中，列出了骆宾王、王昌龄、李白、孟浩然、刘禹锡、白居易、张祜、李商隐、杜牧、皮日休等57位诗人，在扬州的活动及其歌咏扬州的诗篇。

两宋时期，扬州仍然是文学家歌咏之地。如王禹偁的《海仙花诗》，以及晏殊《浣溪沙》中的名句：

无可奈何花落去，似曾相识燕归来。

诗人欧阳修、梅晓臣、秦观等也多次来扬州度游。大诗人苏轼还任过扬州知府。

元明清三代，扬州也是文学家神往的地方。如元代诗人萨都剌，数度游扬州，留下许多名篇。明代散文家张岱，他的《扬州清明》和《二十四桥风月》等作品，都成为反映扬州社会风情的一面镜子。

■京杭运河塑像

清代文化的繁荣与盐商对文化的贡献有关，如吴敬梓创作《儒林外史》，孔尚任参加淮扬治水过程中收集了许多与《桃花扇》创作有关资料。

18世纪声誉画坛的"扬州八怪"之一汪士慎等人都得到过盐商的资助。

另外，清代扬州曲艺艺术也极发达，评话、弹词和戏剧等百花齐放，争奇斗妍。

京杭大运河显示了我国古代水利航运工程技术领先于世界的卓越成就，留下了丰富的历史文化遗存，孕育了一座座璀璨明珠般的名城古镇，积淀了深厚悠久的文化底蕴，凝聚了我国政治、经济、文化和社会诸多领域的庞大信息。

大运河与长城同是中华民族文化身份的象征。保护好京杭大运河，对于传承人类文明，促进社会和谐发展，具有极其重大的意义。

阅读链接

在京杭大运河两岸，还孕育了许多动人的故事。

一天，一婢女正在水闸的石级间洗衫，突然有一条大鲤鱼跃到岸上，正好落在婢女的洗衣盆中，她又惊又喜，忙用衣服盖住跳到盆中的鲤鱼，急急返到厨房将鱼放进水缸。

原来，在人工运河建成后，维立在这里放养了一批鱼苗，并经常在晚香亭观鱼戏水，以此来消除自己妻子过世的惆怅。当婢女告诉他鲤鱼跳上岸一事后，他便亲自将鱼放回运河中。

当晚，维立做了一个梦，他梦见那条鲤鱼慢慢地游到他的身边，变成一位美丽的少女，朝他嫣然一笑。数年后，他邂逅了一位叫谭玉英的姑娘，相貌极似梦中的那个美丽少女，于是娶了她为第二个妻子。谭玉英长得如花似玉，被称为"潭边美人"，婚后夫妻无比恩爱。

关中郑国渠

郑国渠是公元前237年，秦王政采纳韩国水利家郑国的建议开凿的。郑国渠全长150余千米，由渠首、引水渠和灌溉渠三部分组成。郑国渠的修建首开引泾灌溉的技术先河，对后世产生了深远的影响。

郑国渠的灌溉面积达18万平方千米，成为我国古代最大的一条灌溉渠道。郑国渠自秦国开凿以来，历经各个王朝的建设，先后有白渠、郑白渠、丰利渠、王御使渠、广惠渠和泾惠渠，一直造福着当地。

引泾渠首除历代故渠外，还有大量的碑刻文献，堪称蕴藏丰富的我国水利断代史博物馆。

十年建造中的一波三折

战国时，我国的历史朝着建立统一国家的方向发展，一些强大的诸侯国，都想以自己为中心，统一全国。兼并战争十分剧烈。

关中是秦国的基地，它为了增强自己的经济力量，以便在兼并战争中立于不败之地，很需要发展关中的农田水利，以提高秦国的粮食产量。

韩国是秦国的东邻。战国末期，在秦、齐、楚、燕、赵、魏、韩七国中，当秦国的国力蒸蒸日上，虎视眈眈，欲有事于东方时，首当其冲的韩国，却孱弱到不堪一击的地步，随时都有可能被秦国并吞。

一想到秦国大兵压境，吞并韩国的情景，

■泾河大峡谷古画

■ 西安泾河美景

韩桓王不免忧心忡忡。

一天，韩桓王召集群臣商议退敌之策，一位大臣献计说，秦王好大喜功，经常兴建各种大工程，我们可以借此拖垮秦国，使其不能东进伐韩。

韩桓王听后，喜出望外，立即下令物色一个合适的人选去实施这个"疲秦之计"。后来水工郑国被举荐承担这一艰巨而又十分危险的任务，受命赴秦。

郑国到秦国面见秦王之后，陈述了修渠灌溉的好处，极力劝说秦王开渠引泾水，灌溉关中平原北部的农田。

这一年是公元前237年，也正好是秦王政十年。本来就想发展水利的秦国，很快地采纳这一诱人的建议，委托郑国负责在关中修建一条大渠。

不仅如此，秦王还立即征集大量的人力和物力，

水工 古代的水利工程技术工作者。这类人员在秦汉时期以后通称为水工。后代没有专称，水利工程人员官衔和一般官吏相同，而宋、金、元时期有所谓"壕寨官"者，确为主持施工的水利人员。也可以是水利工程的简称。

■陕西泾河流域

郑国 战国时期卓越的水利专家，出生于韩国都城新郑。成年后，郑国曾任韩国管理水利事务的水工，参与过治理荥泽水患以及整修鸿沟之渠等水利工程。后来被韩王派去秦国修建水利工事，使八百里秦川成为富饶之乡。郑国渠和都江堰、灵渠并称为秦代三大水利工程。

任命郑国主持，兴建这一工程。

据历史研究，当时修建郑国渠多达10万人，而郑国本人则成为这项庞大工程的总负责人。郑国渠能在这个时期建造，因为从春秋中期以后，铁制的农具和工具已经普遍使用了。

据史料记载，郑国设计的引泾水灌溉工程充分利用了关中平原的地理和水系特点，利用关中平原西北高、东南低的地形，又在平原上找到了一条屋脊一样的最高线，这样，渠水就由高向低实现了自流灌溉。

为了保证灌溉用的水源，郑国渠采用了独特的"横绝"技术，就是通过拦堵沿途的清峪河和蚀峪河等河流，让河水流入郑国渠，由于有了充分的水源和灌溉，河流下游的土地得到了极大的改善。

在郑国渠中，最为著名的就是石川河横绝，在陕西省阎良县的庙口村，是郑国渠同石川河交汇的河滩地。郑国渠巧妙地连通了泾河和洛水，取之于水，用之于地，又归之于水，这样的设计，真可以说是巧夺天工。

郑国作为主持这项工程的筹划设计者，在施工中表现出了他杰出的智慧和才能。他创造的"横绝技术"，使渠道跨过冶峪河、清河等大小河流，把常流量拦入渠中，增加了水源。

他利用横向环流，巧妙地解决了粗沙入渠，堵塞渠道的问题，表明他拥有较高的河流水文知识。

据测量，郑国渠平均坡降为0.64%，也反映出他具有很高的测量技术水平，他是我国古代卓越的水利科学家，其科学技术成就得到后世的一致公认。

有诗句称颂他：

郑国千秋业，百世功在农。

公元前237年，郑国渠就要完工了，此时一件意外的事情出现了，秦国识破了韩国修建水渠原来是拖垮秦国的一个阴谋，是"疲秦之计"。

处在危急之中的郑国平静地对秦王说："不错，当初，韩国派我来，确实是作为间谍建议修渠

秦国　秦国起源于天水地区，秦人是华夏族西迁的一支。据说，周孝王因秦的祖先非子善养马，因此将他们分封在秦，秦国是春秋战国时期的一个诸侯国。秦国多位国君在对西戎的战争中战死，长期的征伐使秦人尚武善战，同时为拱卫中原做出了一定贡献。

■ 泾河峡谷

的。我作为韩臣民，为自己的国君效力，这是天经地义的事，杀身成仁，也是为了国家祈求国事太平。"

"不过当初那'疲秦之计'，只不过是韩王的一厢情愿罢了。陛下和众大臣可以想想，即使大渠竭尽了秦国之力，暂且无力伐韩，对韩国来说，只是苟安数岁罢了，可是渠修成之后，可为秦国造福万代。在郑国看来，这是一项崇高的事业。"

"郑国我并非不知道，天长日久，疲秦之计必然暴露，那将有粉身碎骨的危险。郑国我之所以披星戴月，为修大渠呕心沥血，正是不忍抛弃我所认定的这项崇高事业。若不为此，渠开工之后，恐怕陛下出十万赏钱，也无从找到郑国的下落了。"

嬴政是位很有远见卓识的政治家，认为郑国说得很有道理，同时，秦国的水工技术还比较落后，在技术上也需要郑国，所以一如既往，仍然对郑国加以重用。。

经过十多年的努力，全渠修建竣工，人称"郑国渠"。这项原本为了消耗秦国国力的渠道工程，反而大大增强了秦国的经济实力，加速了秦统一天下的进程。

这条从泾水到洛水的灌溉工程，在设计和建造上充分利用了当地的河流和地势特点，有不少独创之处。

泾河美景

第一，在渠系布置上，干渠设在渭北平原二级阶地的最高线上，从而使整个灌区都处于干渠控制之下，既能灌及全区，又形成全面的自流灌溉。这在当时的技术水平和生产条件之下，是件很了不起的事情。

第二，渠首位置选择在泾水流出群山进入渭北平原的峡口下游，这里河身较窄，引流无需修筑长的堤坝。另外这里河床比较平坦，泾水流速减缓，部分粗沙因此沉积，可减少渠道淤积。

■ 泾河河滩一角

第三，在引水渠南面修退水渠，可以把水渠里过剩的水泄到泾河中去。川泽结合，利用泾阳西北的焦获泽，蓄泄多余渠水。

第四，采用"横绝技术"，把沿渠小河截断，将其来水导入干渠之中。"横绝技术"带来的好处一方面是把"横绝"了的小河下游腾出来的土地变成了可以耕种的良田；另一方面小河水注入郑国渠，增加了灌溉水源。

郑国渠修成后，曾长期发挥灌溉效益，促进了关中的经济发展。

公元前230年，也就是郑国渠建成六年后，秦军直指韩国，此时的关中平原已经变成了秦国大军的粮仓。对这时的秦国来说，"疲秦之计"真正变成了强秦之策。郑国渠建成15年后，秦灭六国，实现了天下的统一。

如果从这点来看的话，证明秦国在当时有一个非常清楚的战略考虑。秦国在一个整体宏观的战略构想

泾河 是我国黄河中游支流渭河的大支流，长451千米，流域面积约45400平方千米。泾河发源于宁夏六盘山腹地的马尾巴梁，有两个源头，南源出于泾源县老龙潭，北源出于固原县大弯镇。两河在甘肃平凉八里桥附近汇合后折向东南，抵陕西高陵县汇入渭河。

关中 指关中平原的广大地区，地处陕西省中部。西起宝鸡大散关，东至渭南潼关，南接秦岭，北至陕北黄土高原，号称"八百里秦川"，经渭河及其支流泾河、洛河等冲积而成。这里自古灌溉发达。

下，最后权衡利弊得出了一个结论，那就是修建水利工程对于开发关中农业的意义，远远能够抵消掉对国力造成的消耗。

这是秦国最后决定一定要把工程修下去的本质原因。

公元前236年，郑国渠工程从它戏剧性的开始，一波三折，用了十年时间终于修建成功。郑国渠和都江堰一北一南，遥相呼应，从而使秦国挟持的关中平原和成都平原，赢得了"天府之国"的美名。

郑国渠是以泾水为水源，灌溉渭水北面农田的一项水利工程。《史记·河渠书》和《汉书》记载，它的渠首工程，东起中山，西至瓠口。中山和瓠口后来分别称为"仲山"和"谷口"，都在泾县西北，隔着泾水，东西相望。

它是一座有坝引水工程，它东起距泾水东岸1.8千米，名叫"尖嘴的高坡"，西至泾水西岸100多米王里湾村南边的山头，全长约为2.3千米。

其中河床上的350米，早被洪水冲毁，已经无迹可寻，而其他残存部分，历历可见。经测定，这些残部，底宽尚有100多米，顶宽1米至20米不等，残高6米。可以想见，当年这一工程是非常宏伟的。

关于郑国渠的渠道，在《史记》和《汉书》都记得十分简略，《水经注·沮水注》比较详细一些。根据古书记载和实地考查，它大体位于北山南麓，在泾阳、三原、富平、蒲城、白水等县二级阶地的最高位置上，由西向东，沿线与冶峪、清峪、浊峪和沮漆等水相交。

郑国渠将干渠布置在平原北缘较高的位置上，便于穿凿支渠南下，灌溉南面的大片农田。可见当时的设计是比较合理的，测量的水平也已经很高了。

不过泾水是著名的多沙河流，古代有"泾水一石，其泥数斗"的说法，郑国渠以多沙的泾水作为水

《汉书》 又称《前汉书》，由东汉时期的历史学家班固编撰，是我国第一部纪传体断代史，《二十四史》之一。《汉书》全书主要记述了上起西汉下至新朝的王莽地皇四年，即公元23年，共230年的史事。《汉书》包括纪12篇，表8篇，志10篇，传70篇，共100篇，后人划分为120卷，共80万字。

■ 泾河流域

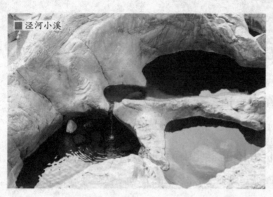
■泾河小溪

渠的水源，这样的比降又嫌偏小。比降小，流速慢，泥沙容易沉积，渠道易被堵塞。

郑国渠建成后，经济、政治效益显著，《史记》和《汉书》记载：

> 渠就，用注填阏之水，溉舄卤之地四万余顷，收皆亩一钟，于是关中为沃野，无凶年，秦以富强，卒并诸侯，因名曰郑国渠。

其中一钟为六石四斗，比当时黄河中游一般亩产一石半，要高许多倍。

阅读链接

郑国渠工程，西起仲山西麓谷口，在谷口筑石堰坝，抬高水位，拦截泾水入渠。利用西北微高，东南略低的地形，渠的主干线沿北山南麓自西向东伸展，干渠总长近150千米。沿途拦腰截断沿山河流，将冶水、清水、浊水、石川水等收入渠中，以加大水量。

在关中平原北部，泾、洛、渭之间构成密如蛛网的灌溉系统，使干旱缺雨的关中平原得到灌溉。郑国渠修成后，大大改变了关中的农业生产面貌，用注填淤之水，溉泽卤之地。就是用含泥沙量较大的泾水进行灌溉，增加土质肥力，改造了盐碱地40000余顷。一向落后的关中农业，迅速发达起来，雨量稀少，土地贫瘠的关中，开始变得富庶甲天下。

历史久远的渠首和沿革

郑国渠的渠首位于陕西省泾阳西北约1千米处的泾河左岸。泾河自冲出群山峡谷进入渭北平原后，河床逐渐展宽，成一"S"形大弯道，与左岸三级阶地前沿450米等高线正好构成一个葫芦形的地貌。

这一带即古代所称"瓠口"。其东有仲山，西有九嵕山。郑国渠

■西安泾河大峡谷

泾河峡谷

渠首的引水口就位于这个地方。

在泾河二级阶地的陡壁上，有两处渠口，均呈"U"形断面，相距约有100米。上游渠口距泾惠渠进水闸处测量基点约为4.8千米，渠口从现地面量得上宽19米，底宽4.5米，渠深7米。下游渠口遗迹上宽20米，底宽3米，渠深8米，两断面渠底高于河床约15米。

由于河床下切，河岸崩塌，原来的引水口及部分渠道已被冲毁，但两处渠口相距很近，而且高度又大体相同，符合郑国渠引洪灌溉多渠首引水需要。

渠口所在的泾河二级阶地为第四纪山前洪积及河流冲积松散堆积。在古渠口遗迹下有一条由东南转东方向长500余米的古渠道遗迹，下接郑白渠故道，两岸渠堤保留基本完整，高7米左右，中间渠床已平为农田，宽20米至22米。

在古渠道的右侧，有东西向土堤一道，长400余米，高6米左右，顶宽20米，北坡陡峭，南坡较缓，距故道50米至100米。

经分析，此土堤为人工堆积而成，没有夯压的迹象，是郑国渠开渠及清淤弃土，堆积于渠道下游，逐年累月形成的挡水土堤，以利于引洪灌溉。

郑国渠把渠首选在谷口，其干渠自谷口沿北原自西而东布置在渭北平原二级阶地的最高线上，并将沿线与渠道交叉的冶峪、清峪和浊峪等小河水拦河入渠。

既增加渠道流量，又充分利用了北原以南、泾渭河以北这块西北高、东南低地区的地形特点，形成了全部自流灌溉，从而最大限度地控制了灌溉面积。

郑国渠在春秋末期建成之后，历代陆续在这里完善其水利设施，先后历经汉代的白公渠、唐代的三白渠、宋代的丰利渠、元代的王御史渠、明代的广惠渠和通济渠及清代的龙洞渠等历代渠道。

汉代有民谣说道：

田于何所？池阳、谷口。郑国在前，白渠起后。举锸为云，决渠为雨。泾水一石，

民谣 民间流行的、富于民族色彩的歌曲，称为民谣或民歌。民谣的历史悠远，故其作者多不知名。民谣的内容丰富，有宗教的、爱情的、战争的、工作的，也有饮酒、舞蹈作乐、祭典等。民谣既是表现一个民族的感情与习尚，因此各有其独特的音阶与情调风格。

■ 泾渠河滩

其泥数斗，且溉且粪，长我禾黍。衣食京师，亿万之口。

称颂的就是这项引泾工程。

公元前95年，赵中大夫白公建议增建新渠，以便引泾水东行，至栎阳注于渭水，名为"白渠"，所灌溉的区域称为"郑白渠"。前秦苻坚时期曾发动30000民工整修郑白渠。

唐代的郑白渠有三条干渠，即太白渠、中白渠和南白渠，又称"三白渠"。灌区主要分布于石川河以西，只有中白渠穿过石川河，在下县也就是渭南东北25千米，缓缓注入金氏陂。

唐代初期，郑白渠可灌田约为6.7万平方千米，后来由于大量地建造水磨，灌溉面积减少至约4.1万平方千米。当时郑白渠的管理制度在当时的水利管理法规《水部式》中有专门的条款。渠首枢纽包括有六

■ 泾渠大峡谷

■ 泾渠峡谷

孔闸门的进水闸和分水堰。

宋代改为临时性梢桩坝，每年都要进行重修。由于引水困难，后代曾多次将引水渠口上移。主要有北宋时期的改建工程，共修石渠约1千米，土渠1千米，灌溉面积达到约13.3万平方千米，并更名为"丰利渠"。

元代初期改渠首临时坝为石坝，至1314年延展石渠近200米，有拦河坝仍系石结构，后称"王御史渠"，灌溉面积曾达6万公顷。灌区有分水闸135座，并制订了一整套管理制度。在元代进士李好文所著的《长安志图·泾渠图说》中有详细的记载。

至明代，曾10多次维修泾渠，天顺至成化年间将干渠上移500多米，改称"广惠渠"。由于渠口引水困难，灌溉面积逐年缩小。

1737年，引泾渠口封闭，专引泉水灌溉，改称"龙洞渠"，灌溉面积为4600多公顷，至清代末年更

《水部式》是我国保存下来的唐代朝廷颁行的水利管理法规，共29自然段，按内容可分为35条，约2600余字。内容包括农田水利管理、用水量的规定、航运船闸和桥梁渡口的管理和维修、渔业管理以及城市水道管理等内容。是我国现存最早的一部水利法书籍。

泾渠峡谷奇观

是减少至了1300多公顷。泾惠渠初步建成之后，引泾灌溉又重新得到恢复和进一步的发展。

后来的一年，陕西的关中地区发生了大旱，三年颗粒不收，饿殍遍野。引泾灌溉，解决燃眉之急。

著名的水利专家李仪祉临危受命，毅然决然地挑起修泾惠渠的千秋重任，历时两年时间，修成了泾惠渠，可灌溉4万公顷的土地，一直惠及着沿岸的土地和百姓。

郑国渠的作用不仅仅在于它发挥灌溉效益的100多年，还在于首开了引泾灌溉的先河，对后世的引泾灌溉发生着深远的影响。

除了历代的河渠之外，还有大量的碑刻和文献，堪称蕴藏丰富的我国水利断代史博物馆，异常珍贵。

水利古貌

古代水利工程与遗迹

阅读链接

相传，在当时，思想和科技的制度非常开明，才俊们到异国献计得到重用的游士制度非常普遍。各国将水利作为强国之本的思想已经产生，对秦国来说，兴修水利更是固本培元和兼并六国的战略部署。

当时秦国的关中平原还没有大型水利工程，因此韩国认为这一计策最有可能被接受。肩负拯救韩国命运的郑国，在咸阳宫见到了秦王政及主政者吕不韦，提出了修渠建议。

韩国的建议与秦王及吕不韦急于建功立业的想法不谋而合，秦国当年就组织力量开始修建郑国渠。

四川都江堰

　　都江堰位于四川成都的都江堰，是我国建设于古代并一直使用的大型水利工程，被誉为"世界水利文化的鼻祖"，是全国著名的旅游胜地。

　　都江堰水利工程是由秦国蜀郡太守李冰及其子率众于公元前256年左右修建的，是普天之下年代最久、唯一留存、以无坝引水为特征的宏大水利工程。

　　2000多年来，都江堰水利一直发挥着巨大的效益，李冰治水，功在当代，利在千秋，不愧为文明世界的伟大杰作，造福人民的伟大水利工程。

古往今来的沧桑历史

■岷江源古石

岷江是长江上游一条较大的支流，发源于四川省北部高山地区。

每当春夏山洪暴发的时候，江水奔腾而下，从灌县进入成都平原，由于河道狭窄，古时常常引发洪灾，洪水一退，又是沙石千里。而灌县岷江东岸的玉垒山又阻碍了江水的东流，造成东旱西涝。

这一带的水旱灾害异常严重，成为修建都江堰的自然因素。同时，都江堰的创建，又有其特定的历史根源。

战国时期，刀兵峰起，战乱纷呈，饱受战乱之苦的人民，渴望我

■ 汹涌的岷江

国尽快统一。

当时，经过商鞅变法改革的秦国，一时名君贤相辈出，国势日益强盛。他们正确认识到巴蜀在统一全国中特殊的战略地位，并提出了"得蜀则得楚，楚亡则天下并矣"的观点。

在这一历史大背景下，战国末期秦昭王委任知天文、识地理、隐居岷峨的李冰为蜀国郡守。

于是，一个工程浩大、影响深远的都江堰水利枢纽工程开始了。

李冰受命担任了蜀郡郡守之后，就带着自己的儿子二郎，从秦晋高原风尘仆仆地来到多山的蜀都。

那时，蜀郡正闹水灾。父子俩立即去了灾情严重的渝成县，站在玉垒山虎头岩上观察水势。只见滔滔江水从万山丛中奔流下来，一浪高过一浪，不断拍打着悬岩。那岩嘴直伸至江心，迫使江心南流。

郡守 我国古代官名。郡的行政长官，始置于战国。战国各国在边地设郡，派官防守，官名为"守"。本是武职，后渐成为地方行政长官。秦统一后，实行郡、县两级地方行政区划制度，每郡置守，治理民政。汉景帝时改称"太守"。后世惟北周称"郡守"，此后均以太守为正式官名，郡守为习称。明清时期则专称"知府"。

■ 李冰父子雕像

每年洪水天，南路一片汪洋，吞没人畜。东边郭县一带却又缺水灌田，旱情异常严重。

虎头岩脚下有条未凿通的旧沟，是早先蜀国丞相鳖灵凿山的遗迹。听当地父老说，只要凿开玉垒山，并在江心筑一道分水堤，使江流一分为二，便可引水从新开的河道过郭县，直达成都。

那时，筑城、造船和修桥等所急需的梓柏大竹，都可在高山采伐后随水漂流，运往成都。化水害为水利，那该多好啊！

"看来，鳖灵选定这里凿山开江，真是高明呀！"李冰连声赞叹。但接着他又想到："鳖灵掘了很长时间，却一直没有凿通，可见这工程之艰巨！而且玉垒山全是子母岩构成，坚硬得很呀！"

李冰在山岩上低头想着凿岩导江的办法。忽然，它看见两只公鸡，一只红毛高冠，一只黑羽长尾，正在岩上争啄在那里收拾未尽的谷粒。

啄着啄着，两只鸡忽然打起架来。原来有些谷粒落在石头缝里，两只鸡都吃不到，便气愤相斗。只见它们伸直了脖子，怒目对看，转眼间展翅腾跃起来，四爪相加，红黑的毛羽四散纷飞。

像这样斗了几个回合，黑鸡战败，落荒逃走。红鸡仍在原处不停地猛啄，过了一些时候，终于将岩石啄开，饱食了落在石缝里的谷粒，然后高叫一声，雄赳赳地迈步走开了。

斗鸡的情景，给了李冰很深的印象。那小小的公鸡能用它的嘴壳啄穿岩层，人还不能用他们的双手劈开大石，凿通水渠吗？于是，他下定决心，不怕任何艰难险阻，一定要凿通水渠。

公元前256年，秦国蜀郡太守李冰和他的儿子在吸取了前人治水经验的情况下，率领当地人民，主持修建了都江堰水利工程。

都江堰的整体规划是将岷江水流分成两条，其中一条水流引入成都平原，这样既可以分洪减灾，又可以引水灌田，变害为利。其主体工程包括鱼嘴分水

李冰 战国时代著名的水利工程专家，对天文地理也有研究。公元前256年至公元前251年被秦昭王任为蜀郡太守。期间，他征发民工在岷江流域兴办许多水利工程，其中以他和其子一同主持修建的都江堰水利工程最为著名。几千年来，该工程为成都平原成为天府之国奠定坚实的基础。

■ 都江堰牌坊

堤、飞沙堰溢洪道和宝瓶口进水口。

在修建之前，李冰父子先邀集了许多有治水经验的农民，对地形和水情作了实地勘察，决定凿穿玉垒山引水。

之所以要修宝瓶口，是因为只有打通玉垒山，使岷江水能够畅通流向东边，才可以减少西边江水的流量，使之不再泛滥，同时也能解除东边地区的干旱，使滔滔江水流入旱区，灌溉那里的良田。这是治水患的关键环节，也是都江堰工程的第一步。

工程开始后，李冰便以火烧石使岩石爆裂，历尽千难，终于在玉垒山凿出了一个宽20米，高40米，长80米的山口。因其形状酷似瓶口，故取名"宝瓶口"，把开凿玉垒山分离的石堆叫作"离堆"。

宝瓶口引水工程完成后，虽然起到了分流和灌溉的作用，但因江东地势较高，江水难以流入宝瓶口。为了使岷江水能够顺利东流而且保持一定的流量，并充分发挥宝瓶口的分洪和灌溉作用，李冰在开凿完宝瓶口以后，又决定在岷江中修筑分水堰，将江水分为两支。由于分水堰前端的形状好像一条鱼的头部，所以人们又称它为"鱼嘴"。

■ 都江堰宝瓶口

■ 都江堰鱼嘴

　　建成的鱼嘴将上游奔流的江水一分为二，西边称为"外江"，沿岷江顺流而下。东边称为"内江"，流入宝瓶口。

　　由于内江窄而深，外江宽而浅，枯水季节水位较低，则60％的江水流入河床低的内江，保证了成都平原的生产生活用水。

　　而当洪水来临，由于水位较高，于是大部分江水从江面较宽的外江排走。这种自动分配内外江水量的设计就是所谓的"四六分水"。

　　为了进一步控制流入宝瓶口的水量，起到分洪和减灾的作用，防止灌溉区的水量忽大忽小，不能保持稳定的情况，李冰又在鱼嘴分水堤的尾部，靠着宝瓶口的地方，修建了分洪用的平水槽和"飞沙堰"溢洪道，以保证内江无灾害。

　　溢洪道前修有弯道，江水形成环流，江水超过堰

溢洪道 是属于泄水建筑物的一种。水库等水利建筑物的防洪设备，多筑在水坝的一侧，像一个大槽，当水库里水位超过安全限度时，水就从溢洪道向下游流出，防止水坝被毁坏。溢洪道从上游水库到下游河道通常由引水段、控制段、泄水槽、消能设施和尾水渠五个部分组成。

蜀郡 古代行政区划之一。蜀郡以成都一带为中心，所辖范围随时间而有不同。公元前277年，秦国置蜀郡，设郡守，成都为蜀郡治所。汉代初期承秦制。汉高祖虽然控制巴、蜀，但南中在汉代朝廷控制范围之外。自汉代至隋代皆因之，唐代升为成都府。

顶时洪水中夹带的泥石便流入至外江，这样便不会淤塞内江和宝瓶口水道，故取名"飞沙堰"。

飞沙堰采用竹笼装卵石的办法堆筑，堰顶达到合适的高度，起调节水量的作用。

当内江水位过高的时候，洪水就经由平水槽漫过飞沙堰流入外江，使得进入时瓶口的水量不致太大，以保障内江灌溉区免遭水灾。

同时，漫过飞沙堰流入外江的水流产生了漩涡，由于离心作用，泥沙甚至是巨石都会被抛过飞沙堰，因此还可以有效地减少泥沙在宝瓶口周围的沉积。

为了观测和控制内江水量，李冰又雕刻了三个石桩人像，放于水中，以"枯水不淹足，洪水不过肩"来确定水位。他还凿制石马置于江心，以此作为每年最小水量时淘滩的标准。

在李冰的组织带领下，人们克服重重困难，经过

■飞沙堰河道

■岷江河流

八年的努力，终于建成了这一宏大的历史工程。

李冰父子修建都江堰给蜀郡一带人民带来了幸福。因此，在人们心中，李冰父子具有不同凡人的地位。流传在当地的二郎担山赶太阳的传说就充分地说明了这一点。

在都江堰的附近有两座小山，相对着立在柏条河两岸。右岸边上是涌山，左岸的叫童子山，前面不远处就是起伏不断的七头山。这一带的老乡们流传着"二郎担山赶太阳"的龙门阵。

据说，李冰父子在修建都江堰以后，川西坝从此四季有流水，庄稼长得绿油油的。但七头山一带的丘陵山坡，有一火龙在那里作怪。

一到五黄六月，它便张开血盆大口，吐出团团烈焰，把山坡的石子烤得滚热滚热的。草木枯焦了，禾

龙门阵 本意是指在古代战争中摆的一个阵法，为唐朝薛仁贵所创。现在所说的摆龙门阵一般是指聊天、闲谈的意思，为重庆市、成都市、四川省地区方言。龙门阵一般作名词使用，可与"摆"构成动宾词组，即摆龙门阵。

扁担 是我国古人用来挑水或担柴火的工具。扁圆长条形挑、抬物品的竹木用具，扁担有用木制的，也有用竹做的。无论采自深山老林的杂木，还是取之峡谷山涧的毛竹，其外形都是共同的，那就是简朴自然：直挺挺的，不枝不蔓，酷似一个简简单单的"一"字。

苗干枯了，人们找口水喝都是一件非常困难的事情！

李冰听说后，叫二郎前去制伏火龙。李二郎领了父命，前来捉火龙。谁知火龙很会溜，每当太阳偏西，就一溜烟地随着太阳躲藏了。第二天晌午，又重新抬头吐火害人。

二郎一连几天捉不到火龙，十分焦急。但他却看清了火龙的落脚处，决心担山改渠，截断火龙逃跑的去路。

为了抢在太阳落山前把水渠修通，他急忙跑上玉垒山巅，寻来神木扁担。又去南山竹林，编了一副神竹筐。就这样，二郎的担山工具做好了，扁担长30多米，磨得亮堂堂，竹筐可不小，大山都能装。

二郎头顶青天，腰缠白云，扁担溜溜闪，一肩挑起两座山，一步就跨15千米，快步赶太阳。他一挑接一挑地担着，一口气跑了33趟，担走了66个山头。

■ 都江堰风光

水利文化鼻祖

四川都江堰

在担山的路上，二郎换肩，一个堆在筐顶的石块，甩落下来，它就成了崇义铺北边的走石山。二郎歇气时，把担子一撂，撒下的泥巴，堆成两座山，那就是涌山和童子山。

有一趟，二郎的鞋里塞进了泥沙，他脱鞋一抖，鞋泥堆成了个大土堆，就是后来的"马家墩子"。

李二郎越担越起劲，不觉太阳已偏西了。他回头一看，火龙也正急着向西逃窜。它怕二郎担山修成的水渠拦断了它的归路，便吐出火焰向二郎猛扑过来。

二郎浑身火辣辣的，汗流满面，顾不上擦。嘴皮干裂了，没空喝水。一心担山造渠，要赶在太阳落山前完工。

忽然"咔嚓"一声巨响，震天动地，神木扁担断成两截。二郎把扁担一丢，提起筐子，把最后两座大山甩到渠尾，这水渠就修通了。

那甩在地上的扁担和石头，变成了弯弯扭扭的"横山子"。火龙被新渠拦住了去路，急得东一触，西一碰，渐渐筋疲力尽了。

二郎忙着跑回家，取出一个宝瓶，从伏龙潭打满了水，倒入新

都江堰附近的瀑布

渠，眼见渠内波翻浪滚，大水把火龙淹得眼睛泛白，胀得肚皮鼓起，火龙拼命往坡上逃窜，一连窜了七次，就再也溜不动了。

在火龙快要丧命时，每抬头一次，便拱起一些泥巴石块，这就是起伏不断的"七头山"。二郎担山修成水渠，把火龙困死在那里。

据说此后，这儿的黄泥巴里都会夹杂有红石子，相传那是火龙的血染成的。再深挖下去，能拣到龙骨石，据说那就是火龙的尸骨呢！

都江堰建成之后，惠及了成都平原的大片土地。成都平原能够如此富饶，被人们称为"天府"乐土，从根本上说，是李冰创建都江堰的结果。

所以《史记》说道：

> 都江堰建成，使成都平原水旱从人，不知饥馑，时无荒年，天下谓之"天府"也。

都江堰建成之后，历经了上千年的风雨而保存完好，并给当地人们带来了巨大的利益，这与它独特而科学的设计有关。

都江堰的第一个设计特点就是充分发挥了岷江的悬江优势。岷江高悬于成都平原之上，是地地道道的悬江。李冰既看到岷江悬江危险，制造灾难的一面，又看到了它富含潜力和可以开发利用的一面。

岷江坡陡流急，从成都平原西侧直流向南，成都平原依岷江从西向东、从西北向东南逐步倾斜。李冰采取工程措施，正确处理这种关系，使岷江悬江劣势转化为悬江优势，从而创造出了伟大的都江堰。

都江堰的第二个设计特点就是建设约束保障工程体系。整个都江堰工程设计巧妙、牢固可靠、相互衔接、完整配套，实现了优化和强化约束，及尽兴岷江之利，尽除岷江之害的工程保证。

所谓优化和强化约束，即采取工程措施，改善和加强河道对河流的约束条件，使之兴利避害，造福一方。

还应该指出的是，直接利用每年修"深淘滩"挖出的泥沙和鹅卵石，建设低堰、高岸、渠系水库，从而形成科学、状观、十分牢靠的防洪大堤，完整的渠系，星罗棋布的水闸和水库，从而建成了一个功能不断延伸的水利工程体系。

这既保证了都江堰工程自身的成功，也为各大江河的治理提供了具体和完整的经验。

都江堰的第三个设计特点就是采取科学的泥沙处理方式。

■ 都江堰海滩

诸葛亮 （181年—234年），字孔明、号卧龙，三国时期蜀汉丞相、杰出的政治家、军事家、散文家、发明家、书法家。在世时被封为武乡侯，死后追谥忠武侯，东晋政权特追封他为武兴王。诸葛亮为匡扶蜀汉政权，呕心沥血，鞠躬尽瘁，死而后已。诸葛亮在后世受到极大尊崇，成为后世忠臣楷模，智慧化身。

都江堰工程历经了初创、改进优化的长期发展过程。这一发展过程是围绕宝瓶口和处理泥沙展开的，正确处理泥沙是都江堰保证长期使用的重要条件。

李冰修建宝瓶口，位置选在成都平原的最高点，岷江出山谷，流量逐步变大的河道下端，使环流力度逐步加大，形成了环流飞沙的态势。宝瓶口呈倒梯形，下接人字堤和飞沙堰，提高了溢流飞沙效果。

因为这些独特设计，都江堰可以把98%的泥沙留在岷江，进入宝瓶口的泥沙只占2%。岷江水推移质多，悬浮质少，也是增强飞沙效果的重要原因。

这是一种适应岷江实际的、十分巧妙的、特定的泥沙处理方式。

都江堰修成后，它为当地人民带来的福祉得到了社会的认可。在历史上，许多名人都曾到这里考察，许多事件都围绕都江堰发生，在我国的历史上具有举足轻重的影响。

■ 宝瓶口河流

■ 都江堰水坝

　　公元前111年，司马迁奉命出使西南时，实地考察了都江堰。他在《史记·河渠书》中记载了李冰创建都江堰的功绩。这是人们了解到的关于都江堰较早、较权威的记录。

　　228年，诸葛亮准备北征时，他认为都江堰为农业和国家经济发展的重要支柱。为了保护好都江堰，诸葛亮征集兵丁1200多人加以守护，并设专职堰官进行经常性的管理维护。

　　诸葛亮设兵护堰开启了都江堰之管理先河，在此以后，历代政府都设专职水利官员管理都江堰。

　　至唐代，杜甫晚年寓居成都，761年，杜甫曾游历都江堰与青城山，之后又多次登临，并写下了《登楼》《石犀行》和《阆中奉送二十四舅使自京赴任青城》等脍炙人口的诗歌19首。

杜甫（712年—770年），字子美，自号少陵野老，世称"杜工部""杜老""杜陵""杜少陵"等，河南省郑州巩义人，唐代伟大的现实主义诗人，被世人尊为"诗圣"，其诗被称为"诗史"。与唐代著名诗人李白合称"李杜"。

他在《赠王二十四侍御契四十韵》一诗中写道：

灌口江如练，蚕崖雪似银。

名园当翠巘，野棹没青蘋。

屡喜王侯宅，时邀江海人。

追随不觉晚，款曲动弥旬。

但使芝兰秀，何烦栋宇邻。

山阳无俗物，郑驿正留宾。

这是《赠王二十四侍御契四十韵》其中的一节。诗中的"灌口江如练，吞崖雪似银"之句，形象地写出了岷江的气势。

宋代诗人陆游，曾经在都江堰游玩了一些时日。在他所保存下来的诗中，就有七首诗写在青城山都江堰。

陆游在《离堆伏龙祠观孙太古画英惠王像》中写道：

岷山导江书禹贡，江流蹴山山为动。

呜呼秦守信豪杰，千年遗迹人犹诵。

决江一支溉数州，至今禾黍连云种。

孙翁下笔开生面，岌嶪高冠摩屋栋。

诗的"岷江导江书禹贡，江流蹴山山为动"之句，将岷江的不凡气势，以山动形象的描摹，岷江水的声

■ 都江堰碑石

■ 都江堰水坝

势跃然纸上。接下来，"决江一支溉数州，至今禾黍连云种"之句，体现了诗人对都江堰水利工程的赞誉。

陆游在另一首《视筑堤》的诗中，还提到"长堤百丈卧霁虹"，以此来赞誉都江堰的修建者李冰父子的大手笔。

元世祖至元年间，意大利旅行家马可·波罗从陕西汉中骑马，走了20多天，抵达了成都，并游览了都江堰。后来，马可·波罗也在他的《马可·波罗游记》一书中提到了都江堰。

至清代，文人墨客对都江堰更是青睐无比，其中也不乏优秀之作。比较有名的有清人董湘琴的诗句。

这位以《松游小唱》名震川西的贡生，在他的《游伏龙观随吟》中写道：

峡口雷声震碧端，离堆凿破几经年！
流出古今秦汉月，问他伏龙可曾寒？

贡生 在我国古科举时代，挑选府、州、县生员中成绩或资格优异者，升入京师的国子监读书，称为"贡生"。意谓以人才贡献给皇帝。明代有岁贡、选贡、恩贡和细贡。清代有恩贡、拔贡、副贡、岁贡、优贡和例贡。清代把贡生也称为"明经"。

举人 被荐举之人。汉代取士，无考试之法，朝廷令郡国守相荐举贤才，因以"举人"称所举之人。唐宋时期有进士科，凡应科目经有司贡举者，通谓之举人。至明清时期，则称乡试中试的人为举人，也称为大会状、大春元。中了举人叫"发解"或"发达"，简称"发"。习惯上举人俗称为"老爷"，雅称则为孝廉。

清代举人蔡维藩在他的《奎光塔》中写道：

水走山飞去未休，插天一塔锁江流。
锦江远揖回澜势，秀野平分灌口秋。

清代还有一位贡生名叫山春，他留下的墨迹其中有吟咏都江堰放水节的。他在所作的《灌阳竹枝词》中写道：

都江堰水沃西川，人到开时涌岸边。
喜看杩槎频撤处，欢声雷动说耕田。

都江堰年年的放水节都是人潮涌动，欢声如雷，蔚为壮观，贡生山春形象地描写了这种场面。同时，

这首诗清新自然，平实无华，又浅显易懂，为人们所喜爱。

都江堰的放水节，不仅有贡生山春为它写词，连古代的举人也为它写诗。

灌县本土的著名举人之一罗骏生，在他的《观都江堰放水》中写道：

山郭水村皆入画，神臬天府各名田。

河渠秦绩屡丰年，大利归农蜀守贤。

富强不落商君后，陆海尤居郑国先。

调剂二江浇万井，桃花春浪远连天。

这首诗其实是观放水后的心得体会。全诗无一字描绘放水的胜景，却道出了都江堰这项工程的重大意

诗 为吟咏言志的文学题材与表现形式，诗的题材繁多，一般分为古体诗和新体诗，如四言、五言、七言、五律、七律、乐府、趣味诗、抒情诗、朦胧诗等。诗的创作一般要求押韵，对仗和符合起、承、转、合的基本要求。

■ 都江堰水利工程全景

义，竭力讴歌了这项工程的伟大，诗中溢满感恩之情。

清代同治年间，德国地理学家李希霍芬来都江堰考察。他以专家的眼光，盛赞都江堰灌溉方法之完美，普天之下都无与伦比。

1872年，李希霍芬曾在《李希霍芬男爵书简》中设置了专章介绍都江堰。因此，人们认为李希霍芬是把都江堰详细介绍给世界的第一人。

都江堰水利工程，是我国古代人民智慧的结晶，是中华文化划时代的杰作。它开创了我国古代水利史上的新纪元，标志着我国水利史进入了一个新的阶段，在世界水利史上写下了光辉的一页。

都江堰工程的创建，以不破坏自然资源，充分利用自然资源为人类服务为前提，变害为利，使人、地、水三者高度协和统一，是普天下仅存的一项古代时期的伟大"生态水利工程"。

都江堰水利工程是我国古代历史上最成功的水利杰作，更是一直

■ 都江堰风光

■都江堰水坝

沿用2000多年的古代水利工程。那些与之兴建时间大致相同的灌溉系统，都因沧海变迁和时间的推移，或淹没，或失效，唯有都江堰独树一帜，一直滋润着天府之国的万顷良田。

阅读链接

据传说岷江里有一条孽龙，经常有事没事翻来滚去。它这一滚，老百姓却苦不堪言，一时间地无收成，民不聊生。

当时，梅山上有七个猎人，尤其是排行老二的二郎本领最高。听说孽龙作乱，他们就下山擒龙。在灌县看到孽龙正在水中休息，七个猎人二话没说，跳进岷江，与孽龙搏斗起来。

双方恶战了七天七夜，也没分出胜负。到了第八天，二郎的六个兄弟全部战死，孽龙也筋疲力尽，负了重伤。二郎把孽龙拖到灌县，拿了条铁锁链锁在孽龙身上，把它拖到玉垒山，让它打了个滚，滚出一条水道，叫"宝瓶口"。最后把孽龙丢进宝瓶口上方的伏龙潭里，让它向宝瓶口吐水。

为了防止孽龙再次作乱，老百姓还在宝瓶口下方修了一座锁龙桥。这样，都江堰的雏形其实就出现了。也就是这样，历史上第一个都江堰修筑者的版本出现了，蜀人都说，是二郎修建了都江堰。

当然只是个神话，可见修建都江堰的不易。在技术落后的古代，任何一项工程，都凝聚了无数建设者的智慧和血汗。

具有丰富内涵的古堰风韵

都江堰不仅具有都江堰水利枢纽工程，还有许多其他古迹名胜，如二王庙、伏龙观、安澜索桥和清溪园等。

都江堰地区的古迹名胜，历史悠久，既有极高的历史和文化价值，也有较高的游览价值，受到了普天下人们的喜爱。

都江堰在三国时期，曾叫作"大堰"，堰首旁边有一个大坪名叫"马超坪"。相传，它是三国时候蜀汉丞相诸葛亮派大将马超镇守大堰和扎营练兵的地方。

蜀汉初年，曹操为了夺取西川，派人说动了西羌王，调了很多人马，逼近蜀国西北边境的锁阳城。诸葛丞相知道之后，十分焦急。

他想："那锁阳城再

都江堰安澜索桥

■ 都江堰清溪园

往下走就是大堰，此堰是蜀国农业的命脉，国家财力的根本，还关系到蜀国京都的安危，万万不可疏忽大意呀！"

于是，诸葛亮决定派一员大将前去镇守，但派哪个最好呢？东挑西选，最后把这副重担，落在了平西将军马超的肩上。因为诸葛亮知道，马超不仅做事细致稳当，他的先辈与羌人还有亲戚，而且羌人素来敬重马超，尊他为"神威天将军"。

马超临走时，诸葛亮特地请他前去相府，摆酒饯行。酒过三巡，诸葛亮出了个题目，要马超用一个字来说明自己去后的打算，但先不说出来，把这个字写在手板心上。

诸葛亮也把自己的想法，写成一个字表示，同样也写在手板心上。然后，俩人一齐摊开手掌，看看哪个的计谋好。

马超（176年—222年），东汉末年群雄之一，汉伏波将军马援的后人。起初在其父马腾帐下为将，先后参与破苏氏坞、与韩遂相攻击、破郭援等战役。后降刘备，迫降成都，参与下辩之战。刘备称帝，拜马超为骠骑将军，领凉州牧，封斄乡侯。次年马超病逝，终年47岁。

■ 都江堰岸边美景

马超高兴地答应了，俩人又饮了几杯酒，便叫人取来笔墨，各在自己的手心里写了一个字。写好后，他们同时把手心摊开，互相一看，不禁哈哈大笑，原来再巧不过，俩人都写了一个"和"字。

马超问："此行领兵多少？"

诸葛亮说："3000！"

马超吃了一惊，忙问："既然要和，为何还要带这么多兵呢？"

诸葛亮摇摇羽扇，笑着说："将军以为多带些兵就是要大动干戈么？我看将军此行，不光是守好大堰，安定西疆，还要趁此良机练兵。羌人爬山最在行，又会在穷山恶水间架设索桥，要好好学会这一套，今后南征北战，都用得着这些本领的。"

第二天，马超就带着队伍，开到大堰旁边的大坪上安营扎寨。那时候，大堰一带居住的人家，除汉人外，岷江东岸数羌人最多，西岸僚人也不少。他们听说马超领着大队人马来了，认为必有一番厮杀，全都摩拳擦掌，调动兵丁严加戒备。

谁知马超却派他手下对羌、僚情况最熟悉的得力将校，带上诸葛亮的亲笔信件，到羌寨、僚村，拜见他们的头人。

信里说：蜀汉皇帝决定与羌家、僚家世世代代友好下去，还把早先刘璋取名的"镇夷关"改名为"雁门关"，把"镇僚关"改为"僚泽关"，永远让两边百姓，自由自在地串亲戚、做买卖。

除了信件，还带去了马超的请帖，邀请羌、僚首领在这两座边关换挂新匾额的时候前来赴会。

羌、僚首领看了诸葛亮的信和马超的请帖，起初半信半疑，最后想到诸葛神机妙算，计谋又多得很，不晓得这回他那葫芦里又装的什么药，还是"踩着石

匾额 是古建筑的必然组成部分，相当于古建筑的眼睛。匾额中的"匾"字古也作"扁"字。是悬挂于门屏上作装饰之用，反映建筑物名称和性质，表达人们义理、情感之类的文学艺术形式即为匾额。但也有一种说法认为，横着的叫匾，竖着的叫额。

■ 都江堰河岸一角

铠甲 古代将士穿在身上的防护装具。甲又名"铠",我国先秦时期,主要用皮革制造,称"甲""介""函"等。战国后期,出现用铁制造的铠,皮质的仍称"甲"。唐宋时期以后,不分质料,或称"甲",或称"铠",或"铠甲"连称。

头过河——稳到来"。

于是,他们在锁阳城到大堰一带设下埋伏,察看动静,不轻易抛头露面。同时,还派了一些探子,混进"镇夷关"来摸底细。

到了换匾那天,两座雄关,披红挂绿,喜气洋洋。马超将铠甲换成了白袍,十分潇洒,只带少数随从,抬了两份厚礼到会。他们没有携带刀矛剑戟,也没有暗藏强弓硬弩,设下什么伏兵。

羌、僚首领听了探子的回报,还不放心,又亲自在四周仔细观察动静等这一切都看得清清楚楚,心头的疑团解开了,才高高兴兴地前来赴会。

马超先叫人把蜀汉皇帝准备的锦缎、茶叶、金银珠宝送给羌僚首领,然后双方各自回敬了礼物。

这时,在鼓乐声中,马超指着两块金光闪闪的匾,对客人说:"汉人、羌人、僚人本是一家人,我

■ 都江堰水利工程

■都江堰分水图

马家不就和羌家世代结亲吗！你们看，天上的大雁，春来飞向北方落脚，秋后又去南方做窝，高山大河也阻挡不了他们探亲访友，多亲热呀！我们原本都是亲戚，就更该亲热才好呀！所以，我们应该让雁门关和僚泽关成为我们走亲戚的通道，而不是把它们变成兵戎相见的战场。"

羌、僚两首领听得心里热乎乎的，这才佩服诸葛亮丞相是以诚待人，高高兴兴地接受了礼物。换上新匾后，马超便把自己守护大堰的事向两家头人说了。

两位首领都说："汉家、羌家、僚家同饮一江水，恩情赛弟兄，我们一定帮助将军管好、护好、修好大堰。"

从此，大堰一带边境安宁，买卖兴旺，并在堰首摆起摊子，搭起帐篷，兴起集市。

日子过得飞快，一晃就是一年。马超不但保住了

僚人 生活在桂云贵荆楚地区的少数民族群体，后来经过诸如秦汉以来绵延唐宋的汉人入桂，以及南北朝时期的僚人入蜀等民族大迁徙而更广泛的分布或曾经分布于两广云贵乃至于巴蜀地区。有学者认为僚人与先秦时的西瓯、骆越人及汉代的乌浒、南越人等岭南少数民族有关系，所以也将之称为僚人。

索桥 也称"吊桥""绳桥""悬索桥"等，是用竹索或藤索、铁索等为骨干相拼悬吊起的大桥。古书上称为"絙桥""笮桥""绳桥"。多建于水流急不易做桥墩的陡岸险谷，主要见于我国的西南地区。

大堰安宁，还带领部下向羌人和僚人学会了开山、修寨、搭索桥。

到了修堰的时候，羌、僚各寨的丁壮都来相帮，大堰修得更加坚实、更加风光。开水那天，各寨首领都兴冲冲地来了。马超在军帐里摆酒待客，大家边喝酒，边畅谈。

羌、僚两家首领说："千千万万座高山呵！各有个名字，千千万万条江河呵！各有个名字。两座雄关已换了新名，这大堰也该换个新名儿才好呀！"

马超说："我们都盼大堰永保平安，就叫他'都安堰'如何？"说得满堂都哈哈大笑起来。大堰从此改名为"都安堰"。

后来，众人又提出给马超安营扎寨的大坪也起个名字，马超却挡住说："千万不可！千万不可！马超无功无德，不敢受赐！"

■二王庙远景

■ 都江堰二王庙

尽管马超千谢万谢，说什么也不同意，但人们还是把那山坪叫作了"马超坪"。

二王庙又称为"玉垒仙都"二王庙，这个庙宇最早是纪念蜀主的望帝祠，后来望帝祠被迁走后，留下来的望帝祠遗址，就成了专祀李冰的二王庙。

二王庙的古建筑群典雅宏伟，别具一格。它依山傍水，在地势狭窄之处修建，上下落差高达50多米。

然而，二王庙的建筑师却在如此狭窄的地面上修建了6000多平方米的楼堂殿阁，使二王庙五步一楼，十步一阁，上下转换多变。

同时，建筑师还巧妙地利用围墙、照壁和保坎衬护，对二王庙造成了多层次、高峻、幽深和宏丽的壮观景象。

一般寺庙的山门都是一个，而且是在正面，而二王庙的山门却很别致，设计师利用大道两旁的地形，

照壁 是我国传统建筑特有的部分，明朝时特别流行，一般讲，在大门内的屏蔽物。古人称之为："萧墙"。在旧时，人们认为自己宅中不断有鬼来访，修上一堵墙，以断鬼的来路。另一说法为照壁是我国受风水意识影响而产生的一种独具特色的建筑形式，称"影壁"或"屏风墙"。

■ 二王庙内石刻

水利古貌

古代水利工程与遗迹

四合院 是我国古老、传统的文化象征。"四"代表东西南北四面，"合"是合在一起，形成一个口字形，这就是四合院的基本特征。四合院建筑的布局，是以南北纵轴对称布置和封闭独立的院落为基本特征的。按其规模的大小，有最简单的一进院、二进院或沿着纵轴加多三进院、四进院或五进院。

在东西两侧各建一座山门，好似殷勤好客的主人同时欢迎着东西两方的游客。

进入山门，过四合院，折而向上，便可见到乐楼，乐楼建于通道之上，小巧玲珑，古色古香。庙会期间，会在乐楼上设乐队，奏乐迎宾。

从乐楼拾级而上便是灌澜亭，亭阁建在高台上。高台正面砌为照壁，刻治水名言，与下面的乐楼和后面的参天古树相映托，显得高大壮观。

站在二王庙正门上，举目是三个苍劲的大字"二王庙"。从这几个字中，人们可以感到笔者对一个真正的治水英雄是何等的推崇，每一个字都不敢有任何疏忽，每一笔画中都凝聚着敬意。

匾额下的双合大门正对着陡斜的层层石梯，由石梯向上望，二王庙仿佛深处云霄之中，给人以人间仙境之感。

二王庙真正的主殿是庙内一座重廊环绕的阔庭大院，正中平台上是纪念李冰父子的两座大殿。前殿祭祀李冰，后殿祭祀李二郎。

主殿周围布满了香楠、古柏、银杏和绿柳护卫。清晨，霞光照耀，晨风阵阵，柳絮槐花，漫天飞扬，犹如仙女散花。时近黄昏，晚岚四起，云雨霏霏，整个二王庙又掩映在烟波云海里，宛如海市蜃楼，"玉垒仙都"之名即由此而来。

伏龙观在都江堰离堆的北端。传说李冰父子治水时曾制服岷江孽龙，将其锁于离堆下伏龙潭中，后人依此立祠祭祀。北宋初改名伏龙观，才开始以道士掌管香火。

伏龙观有殿宇三座，前殿正中立有东汉时期所雕的李冰石像。像高2.9米，重4500千克，造型简洁朴素，神态从容持重。

石像胸前襟袖间有隶书铭文三行。中行为"故蜀郡李府君讳冰"，这表明石像是已故的蜀郡守李冰。"讳"是封建时代称死去的皇帝或尊长的名字。

左行为"建宁元年闰月戊申朔二十五日都水掾"，"都水"，是东汉郡府管理水利的行政部门。"掾"，是郡太守的掾吏，他代表郡太守常住都水官府。左行点明了这个雕塑的制作时间是在东汉，因建

■ 都江堰伏龙观

茶马古道 指存在于我国西南地区，以马帮为主要交通工具的民间国际商贸通道，是我国西南民族经济文化交流的走廊。茶马古道是一个非常特殊的地域称谓，是一条世界上自然风光最壮观，文化最为神秘的旅游绝品线路，它蕴藏着无尽的文化遗产。

宁元年是东汉灵帝的年号，而且是郡太守常住都水掾的掾吏制作的。

右行为"尹龙长陈壹造三神石人珍水万世焉"。"珍水"，即镇水。这行标明了蜀郡都水掾的尹龙，都水长陈壹造的李冰和另两人的石刻雕像作万世镇水用。这尊东汉石刻李冰像已有1800多年的历史了，是研究都江堰水利史十分珍贵的"国宝"。

秦堰楼因都江堰建于秦代而得名，为后来所建设。它依山而立，雄峙江岸，结构精巧，峻拔壮观。在秦堰楼还没有建成之前，这里曾是一个观景台，又称"幸福台"。

登上秦堰楼极目眺望，都江堰的三大水利工程、安澜桥、二王庙、古驿道、玉垒雄关、岷岭雪山和青城山峰等尽收眼底，甚为壮观。

■ 都江堰松茂古道

松茂古道长300多千米，是西南丝绸之路的西山

南段，由都江堰经汶川，茂县直至松潘。

松茂古道属于历史上著名的茶马古道。茶马古道起源古代的茶马互市，可以说是先有互市，而后有古道。茶马互市是我国西部历史上，汉藏民族间一种传统的以茶易马或以马换茶为内容的贸易方式。

茶马贸易繁荣了古代西部地区的经济文化，同时也造就了茶马古道这条传播的路径。

松茂古道就是有着这种历史

■ 都江堰秦堰楼

古韵的古道，这条山道自秦汉以来，尤其是唐代与吐蕃设"茶马互市"时，就是北接川甘青边区，南接川西平原的商旅通衢和军事要道。

自古以来就是沟通成都平原和川西少数民族地区经济、文化的重要走廊，是联结藏、羌、回、汉各族人民的纽带，在蜀地交通运输、经济文化史上，留下了光辉的篇章。

松茂古道古称"冉駹山道"，李冰创建都江堰时，多得湔氏之力，因而凿通龙溪、娘子岭迳通冉的山道。后来，又经过了许多代人的努力，才形成这条松茂古道。

玉垒关又名"七盘关"，因属于松茂古道的第七关而得名。同时，他还是古代屏障川西平原的要隘，

155

水利文化鼻祖

四川都江堰

吐蕃 7世纪至9世纪时古代藏族建立的政权，是一个位于青藏高原的古代王国，由松赞干布到达磨延续200多年，是西藏历史上创立的第一个政权。吐蕃一词，始见于唐代汉文史籍，蕃为古代藏族的自称。

■ 都江堰胜景

也是千余年来古堰旁的一处胜景。

玉垒关早在三国时期已作为城防，不过那时非常简陋，真正意义上建关是在唐朝贞观年间。当时，唐朝与吐蕃之间一直处在战争与和平交替出现的局面。

为此，唐朝便相继在川西和吐蕃接壤的通道上，设置了关隘作为防御的屏障，玉垒关就是在此背景下于唐贞观年间修建的重要关隘。

玉垒关这道关口像是在成都平原与川西北高原之间加上的一把锁，被誉为"川西钥匙"，为保证成都平原的和平稳定发展发挥了极大的作用。

玉垒关上与山接，下与江连，可谓一夫当关万夫莫开的易守难攻之地。

不过在和平时期，打开关口，人们仍可领略过去茶马互市集散地的繁荣景象。在玉垒关的关门上还有一副楹联：

> 玉垒峙雄关，山色平分江左右；
> 金川流远派，水光清绕岸东西。

这副楹联形象地描绘出了玉垒关的景色，极富诗情画意。

在玉垒关附近，还有一块形如马蹄形的空地，被称为"凤栖窝"，因传说曾经有凤凰在这里栖息而得此名。

凤栖窝是两关之间的古道上非常重要的地方，过去这里有许多民宅。

当时，由于西山少数民族要在民宅中休息，或选择此处作为他们安营扎寨的场地，而使这里在战争年代拥有非常重要的战略位置。

据载李冰治水时，曾经在凤栖窝所正对的内江河床里埋有石马，以此作为每年清淘河床深度的标准。

安澜索桥又名"安澜桥"，始建于宋代以前，明代末期毁于战火。索桥以木排石墩承托，用粗如碗口的竹缆横飞江面，上铺木板为桥面，两旁以竹索为栏，全长约500米。

后来保存下来的桥，将竹改为钢，承托缆索的木桩

■ 二王庙寿字亭

夫人 夫人之"夫"，字从"二人"，意为一夫一妻组成的二人家庭，用来指"外子"。"夫人"意为"夫之人"，汉代以后王公大臣之妻称夫人，唐、宋、明、清各代还对高官的母亲或妻子加封，称诰命夫人，从高官的品级。一品诰命夫人即她的丈夫是一品高官，她是皇封的一品诰命夫人。

桥墩改为混凝土桩。坐落于都江堰首鱼嘴上，飞架岷江南北，是古代四川西部与阿坝之间的商业要道，是藏、汉、羌族人民的联系纽带，被誉为我国古代的五大桥梁之一，也是都江堰最具特征的景观。

安澜索桥也被当地人们叫作"夫妻桥""何公何母桥"，关于这个名字的由来，还有一段传说。

岷江滔滔恶浪，没有修建索桥前，民谣有"走遍天下路，难过岷江渡"之说。在清代初期有一个姓何的教书先生，是当地出了名的多管闲事的人。

有一次，何先生和他的妻子何夫人去游山玩水，到了岷江，看见了官船在摆渡人们，他们夫妇也想去对岸。二人过去一打听，才知道，一人乘船10两银子，夫妻过河要20两银子。如此高的价格使夫妇俩人高兴而来扫兴而归。

回到家里，何先生彻夜难眠，在想如何在两岸架

■ 都江堰河流

■都江堰安澜索桥

一座桥，断了负责官船的那些官员们的财路。

一天、两天、三天，何先生不吃不喝得想了三天，仍然一筹莫展。在第三天夜里，何先生看见夫人在刺绣。他发现，那块布架在框子的上面，竟然不会掉下来。于是，他心想我为什么不能在空中架一座索桥呢！

于是，说干就干，经过一段时间的努力和奋斗，何先生终于架好了一座索桥。那些负责官船的官员们看见了，便千方百计找何先生的毛病，想方设法要报复他。

当时，桥的两旁没有扶手，再加上桥不稳定，人很容易掉下去。最终，不幸的事情还是发生了，一个酒鬼喝醉酒过河时，不小心掉进河里淹死了。

于是，官员们抓住时机将何先生逮捕并处死。何夫人得知此事后悲痛欲绝，想投河，可想到丈夫不明

刺绣 又称丝绣，俗称"绣花"。是针线在织物上绣制的各种装饰图案的总称。它是用针和线把人的设计和制作添加在任何存在的织物上的一种艺术。刺绣是我国民间传统手工艺之一，在我国至少有两三千年历史。我国刺绣主要有苏绣、湘绣、蜀绣和粤绣四大门类。

江神 即长江之神，有地方性的长江之神和整体性的长江之神之分，对长江的崇拜，开始是自发性的，因而也是地方性的，大一统的国家形成后，国家祭扫江神，才有整体意义上的江神。

不白便死了，她如果也死了，会对不起天上夫君的亡灵，所以她决心为夫君洗冤。

一天，何夫人漫步大街，看到一个人在玩耍杂。只见那人两手抓住两根立着的木棒，全身腾空。何夫人忽然想到如果在桥上装扶手，人们走在桥上就安全多了。

经过两天的努力，何夫人给桥装上了扶手。因此，人们便称安澜桥为"何公何母"桥。

斗犀台是传说李冰斗杀江神的地方。相传，当时岷江江神要娶两位年轻貌美的女子为妻，否则便要在都江堰一带爆发洪灾。

为了打败江神，李冰便扮作女子与江神结婚。到了江神的府邸，李冰厉声斥责江神的行为，激怒了江神，于是他们之间展开了一场战斗。

■ 都江堰安澜索桥

双方斗了许久不见胜负，江神化作犀牛与李冰展开搏斗，李冰也化作犀牛与之搏斗，到了斗犀台这个地方，李冰打败了江神，并杀了他。

后来，人们便把李冰打败江神的地方，命名为"斗犀台"，以纪念李冰拯救大家的功绩。

斗犀台旁还有一座亭子，矗立在岩石之上，叫"浮云亭"。人们在此可以远望岷江中的望娘滩，俯视近在咫尺的离堆伏龙观和宝瓶口的景色。

■ 都江堰安澜索桥

杜甫游历到此处时，还曾留下了不朽名言：

花近高楼伤客心，万方多难此登临。

锦江春色来天地，玉垒浮云变古今。

北极朝廷终不改，西山寇盗莫相侵。

可怜后主还祠庙，日暮聊为梁甫吟。

都江堰附近的古迹名胜还有许多处，这些古迹名胜和古老的都江堰水利工程一起，成为了都江堰的胜景，千百年来，吸引了无数的人们前来观赏。

南桥位于宝瓶口下的内江咽喉，属于廊式古桥。此桥在宋代以前无考，元代为"凌云桥"，明代改为"绳桥"。1878年，当地县令陆

■ 都江堰南桥桥头

牌坊 封建社会为表彰功勋、科第、德政以及忠孝节义所立的建筑物。也有一些宫观寺庙以牌坊作为山门的，还有的是用来标明地名的。又名"牌楼"，为门洞式纪念性建筑物，宣扬封建礼教，标榜功德。牌坊也是祠堂的附属建筑物，昭示家族先人的高尚美德和丰功伟绩，兼有祭祖的功能。

葆德用丁宝桢大修都江堰结余的银两，设计施工，建成了木桥，取名"普济桥"。

后来，木制的普济桥毁于洪水，重建时增建了牌坊形桥门，仍为五孔，长45米，宽10米，并正式定名为"南桥"。

之后，又对南桥进行了改建。改建后的南桥桥头增建了桥亭、石阶、花圃，桥身雕梁画栋，桥廊增饰诗画匾联。

同时，南桥上还有各种彩绘，雕梁画栋十分耀眼。屋顶还有《海瑞罢官》《水漫金山》和《孙悟空三打白骨精》等民间的彩塑，情态各异，栩栩如生。因此，南桥不仅保持了古桥风貌，而且建筑艺术十分考究。

城隍庙始建于清代乾隆年间，是一座封建世俗性很强的庙宇。庙宇设计，风格独特，依山取势，依坡形地势建筑，结构极为谨严奇巧，是富有道家哲学思想的道教古建筑。

自下仰望，城隍庙建筑群分为上下两区，呈丁字形。登百余级石阶，进头道山门，两旁为"十殿"。

在一条30多米长的上行梯道两侧，呈对称跌落布局。每殿相邻，可见层层飞檐，如入云霄，有一种森严神奇之感，有蜀中"鬼城"的叫法。

这些独特的文化风韵，形成了都江堰别具一格的"古堰拜水"，成为都江堰的一大特色。

千百年来，许多文人墨客以及历史名人，都曾来到这里参观古堰。

这些历史人物的到来，给古堰留下了名人的踪迹，有些人还为都江堰留下了许多文学佳作。

道教 又名"道家""黄老""老氏""玄门"等，是我国土生土长的固有宗教。道教以"道"为最高信仰，以神仙信仰为核心内容，以丹道法术为修炼途径，以得道成仙为终极目标，追求自然和谐、国家太平、社会安定、家庭和睦，充分反映了我国人民的精神生活、宗教意识和信仰心理。

水利文化鼻祖

四川都江堰

■ 都江堰南桥侧景

都江堰远景

　　除此之外，围绕都江堰的一些传说故事，有的在民间广为流传，有的还经过文人之手进行了文学加工。这些都成了都江堰文化的一部分，给千年古堰营造了深厚的文化氛围。

阅读链接

　　都江堰最初的名字并不叫都江堰，这个名字的由来，历史上有一个演变过程。

　　秦蜀郡太守李冰建堰初期，都江堰名叫"湔堋"。这是因为都江堰旁的玉垒山，秦汉以前叫湔山，而那时都江堰周围的主要居住民族是氐羌人，他们把堰叫作"堋"，于是都江堰就有了"湔堋"之名。

　　三国蜀汉时期，都江堰地区设置都安县，因县得名，都江堰又称"都安堰"。同时，又叫"金堤"，这是为了突出鱼嘴分水堤的作用，用堤代堰而来的名称。

　　至唐代，都江堰改称为"楗尾堰"。直至宋代，在宋史中，才第一次提到都江堰。

　　从宋代开始，把整个都江堰水利系统工程概括起来，叫"都江堰"，才较为准确地代表了整个水利工程系统。此后，都江堰这个名字就被一直沿用了下来。

中华精神家园书系

建筑古蕴

壮丽皇宫：三大故宫的建筑壮景
宫殿怀古：古风犹存的历代华宫
古都遗韵：古都的厚重历史遗韵
千古都城：三大古都的千古传奇
王府胜景：北京著名王府的景致
府衙古影：古代府衙的历史遗风
古城底蕴：十大古城的历史风貌
古镇奇葩：物宝天华的古镇奇观
古村佳境：人杰地灵的千年古村
经典民居：精华浓缩的最美民居

古建风雅

皇家御苑：非凡胜景的皇家园林
非凡胜景：北京著名的皇家园林
园林精粹：苏州园林特色与名园
秀美园林：江南园林特色与名园
园林千姿：岭南园林特色与名园
雄丽之园：北方园林特色与名园
亭台情趣：迷人的典型精品古建
楼阁雅韵：神圣典雅的古建象征
三大名楼：文人雅士的汇聚之所
古建古风：中国古典建筑与标志

古建之魂

千年名刹：享誉中外的佛教寺院
天下四绝：佛教的海内四大名刹
皇家寺院：御赐美名的著名古刹
寺院奇观：独特文化底蕴的名刹
京城宝刹：北京内外八刹与三山
道观杰作：道教的十大著名宫观
古塔瑰宝：无上玄机的魅力古塔
宝塔珍品：巧夺天工的非常古塔
千古祭庙：历代帝王庙与名臣庙

文化遗迹

远古人类：中国最早猿人及遗址
原始文化：新石器时代文化遗址
王朝遗韵：历代都城与王城遗址
考古遗珍：中国的十大考古发现
陵墓遗存：古代陵墓与出土文物
石窟奇观：著名石窟与不朽艺术
石刻神工：古代石刻与文化艺术
岩画古韵：古代岩画与艺术特色
家居古风：古代建材与家居艺术
古道依稀：古代商贸通道与交通

古建涵蕴

天下祭坛：北京祭坛的绝妙密码
祭祀庙宇：香火旺盛的各地神庙
绵延祠庙：传奇神人的祭祀圣殿
至圣尊崇：文化浓厚的孔孟祭地
人间天宫：非凡造诣的妈祖庙宇
祠庙典范：最具人文特色的祭祠
绝代王陵：气势恢宏的帝王陵园
王陵雄风：空前绝后的地下城堡
大宅揽胜：宏大气派的大户宅第
古街韵味：古色古香的千年古街

物宝天华

青铜时代：青铜文化与艺术特色
玉石之国：玉器文化与艺术特色
陶器寻古：陶器文化与艺术特色
瓷器故乡：瓷器文化与艺术特色
金银生辉：金银文化与艺术特色
珐琅精工：珐琅器与文化之特色
琉璃古风：琉璃器与文化之特色
天然大漆：漆器文化与艺术特色
天然珍宝：珍珠宝石与艺术特色
大卜奇石：赏石文化与艺术特色

古迹奇观

玉宇琼楼：分布全国的古建筑群
城楼古景：雄伟壮丽的古代城楼
历史开关：千年古城墙与古城门
长城纵览：古代浩大的防御工程
长城关隘：万里长城的著名关卡
雄关漫道：北方的著名古代关隘
千古要塞：南方的著名古代关隘
桥的国度：穿越古今的著名桥梁
古桥天姿：千姿百态的古桥艺术
水利古貌：古代水利工程与遗迹

山水灵性

母亲之河：黄河文明与历史渊源
中华巨龙：长江文明与历史渊源
江河之美：著名江河的文化源流
水韵雅趣：湖泊泉瀑与历史文化
东岳西岳：泰山华山与历史文化
五岳名山：恒山衡山嵩山的文化
三山美名：三山美景与历史文化
佛教名山：佛教名山的文化流芳
道教名山：道教名山的文化流芳
天下奇山：名山奇迹与文化内涵

自然遗产

天地厚礼：中国的世界自然遗产
地理恩赐：地质蕴含之美与价值
绝美景色：国家综合自然风景区
地质奇观：国家自然地质风景区
无限美景：国家自然山水风景区
自然名胜：国家自然名胜风景区
天然生态：国家综合自然保护区
动物乐园：国家动物自然保护区
植物王国：国家保护的野生植物
森林景观：国家森林公园大博览

西部沃土

古朴秦川：三秦文化特色与形态
龙兴之地：汉水文化特色与形态
塞外江南：陇右文化特色与形态
人类敦煌：敦煌文化特色与形态
巴山风情：巴渝文化特色与形态
天府之国：蜀文化的特色与形态
黔风贵韵：黔贵文化特色与形态
七彩云南：滇云文化特色与形态
八桂山水：八桂文化特色与形态
草原牧歌：草原文化特色与形态

东部风情

燕赵悲歌：燕赵文化特色与形态
齐鲁儒风：齐鲁文化特色与形态
吴越人家：吴越文化特色与形态
两淮之风：两淮文化特色与形态
八闽魅力：福建文化特色与形态
客家风采：客家文化特色与形态
岭南灵秀：岭南文化特色与形态
潮汕之根：潮州文化特色与形态
滨海风光：琼州文化特色与形态
宝岛台湾：台湾文化特色与形态

中部之魂

三晋大地：三晋文化特色与形态
华夏之中：中原文化特色与形态
陈楚风韵：陈楚文化特色与形态
地方显学：徽州文化特色与形态
形胜之区：江西文化特色与形态
淳朴湖湘：湖湘文化特色与形态
神秘湘西：湘西文化特色与形态
瑰丽楚地：荆楚文化特色与形态
秦淮画卷：秦淮文化特色与形态
冰雪关东：关东文化特色与形态

节庆习俗

普天同庆：春节习俗与文化内涵
张灯结彩：元宵习俗与彩灯文化
寄托哀思：清明祭祀与寒食习俗
粽情端午：端午节与赛龙舟习俗
浪漫佳期：七夕节俗与妇女乞巧
花好月圆：中秋节俗与赏月之风
九九踏秋：重阳节俗与登高赏菊
千秋佳节：传统节日与文化内涵
民族盛典：少数民族节日与内涵
百姓聚欢：庙会活动与赶集习俗

民风根源

血缘脉系：家族家谱与家庭文化
万姓之根：姓氏与名字号及称谓
生之由来：生庚生肖与寿诞礼俗
婚事礼俗：嫁娶礼俗与结婚喜庆
人生邀约：人生处世与礼俗文化
幸福美满：福禄寿喜与五福临门
礼仪之邦：古代礼制与礼仪文化
祭祀庆典：传统祭典与祭祀礼俗
山水相依：依山傍水的居住文化

衣食天下

衣冠楚楚：服装艺术与文化内涵
凤冠霞帔：佩饰艺术与文化内涵
丝绸锦缎：古代纺织精品与布艺
绣美中华：刺绣文化与四大名绣
以食为天：饮食历史与筷子文化
美食中国：八大菜系与文化内涵
中国酒道：酒历史酒文化的特色
酒香千年：酿酒遗址与传统名酒
茶道风雅：茶历史茶文化的特色

国风美术

丹青史话：绘画历史演变与内涵
国画风采：绘画方法体系与类别
独特画派：著名绘画流派与特色
国画瑰宝：传世名画的绝色魅力
国风长卷：传世名画的大美风采
艺术之根：民间剪纸与民间年画
影视鼻祖：民间皮影戏与木偶戏
国粹书法：书法历史与艺术内涵
翰墨飘香：著名书法名作与艺术
行书天下：著名行书精品与艺术

汉语之魂

汉语源流：汉字汉语与文章体类
文学经典：文学评论与作品选集
古老哲学：哲学流派与经典著作
史册汗青：历史典籍与文化内涵
统御之道：政论专著与文化内涵
兵家韬略：兵法谋略与文化内涵
文苑集成：古代文献与经典专著
经传宝典：古代经传与文化内涵
曲苑音坛：曲艺说唱项目与艺术
曲艺奇葩：曲艺伴奏项目与艺术

博大文学

神话魅力：神话传说与文化内涵
民间相传：民间传说与文化内涵
英雄赞歌：四大英雄史诗与内涵
灿烂散文：散文历史与艺术特色
诗的国度：诗的历史与艺术特色
词苑漫步：词的历史与艺术特色
散曲奇葩：散曲历史与艺术特色
小说源流：小说历史与艺术特色
小说经典：著名古典小说的魅力

歌舞共娱

古乐流芳：古代音乐历史与文化
钧天广乐：古代十大名曲与内涵
八音古乐：古代乐器与演奏艺术
鸾歌凤舞：古代大曲历史与艺术
妙舞长空：舞蹈历史与文化内涵
体育古项：体育运动与古老项目
民俗娱乐：民俗运动与古老项目
刀光剑影：器械武术种类与文化
快乐游艺：古老游艺与文化内涵
开心棋牌：棋牌文化与古老项目

科技回眸

创始发明：四大发明与历史价值
科技首创：万物探索与发明发现
天文回望：天文历史与天文科技
万年历法：古代历法与岁时文化
地理探究：地学历史与地理科技
数学史鉴：数学历史与数学成就
物理源流：物理历史与物理科技
化学历程：化学历史与化学科技
农学春秋：农学历史与农业科技
生物寻古：生物历史与生物科技

文化标记

龙凤图腾：龙凤崇拜与舞龙舞狮
吉祥如意：吉祥物品与文化内涵
花中四君：梅兰竹菊与文化内涵
草木有情：草木美誉与文化象征
雕塑之韵：雕塑历史与艺术内涵
壁画遗韵：古代壁画与古墓丹青
雕刻精工：竹木骨牙角匏与工艺
百年老号：百年企业与文化传统
特色之乡：文化之乡与文化内涵

杰出人物

文韬武略：杰出帝王与励精图治
千古忠良：千古贤臣与爱国爱民
将帅传奇：将帅风云与文韬武略
思想宗师：先贤思想与智慧精华
科学鼻祖：科学精英与求索发现
发明巨匠：发明天工与创造英才
文坛泰斗：文学大家与传世经典
诗神巨星：天才诗人与妙笔华篇
画界巨擘：绘画名家与绝代精品
艺术大家：艺术大师与杰出之作

戏苑杂谈

梨园春秋：中国戏曲历史与文化
古戏经典：四大古典悲剧与喜剧
关东曲苑：东北戏曲种类与艺术
京津大戏：北京与天津戏曲艺术
燕赵戏坛：河北戏曲种类与艺术
三秦戏苑：陕西戏曲种类与艺术
齐鲁戏台：山东戏曲种类与艺术
中原曲苑：河南戏曲种类与艺术
江淮戏话：安徽戏曲种类与艺术

千秋教化

教育之本：历代官学与民风教化
文武科举：科举历史与选拔制度
教化于民：太学文化与私塾文化
官学盛况：国子监与学宫的教育
朗朗书院：书院文化与教育特色
君子之学：琴棋书画与六艺课目
启蒙经典：家教蒙学与文化内涵
文房四宝：纸笔墨砚及文化内涵
刻印时代：古籍历史与文化内涵
金石之光：篆刻艺术与印章碑石

悠久历史

古往今来：历代更替与王朝千秋
天下一统：历代统一与行动韬略
太平盛世：历代盛世与开明之治
变法图强：历代变法与图强革新
古代外交：历代外交与文化交流
选贤任能：历代官制与选拔制度
法治天下：历代法制与公正严明
古代税赋：历代赋税与劳役制度
三农史志：历代农业与土地制度
古代户籍：历代区划与户籍制度

信仰之光

儒学根源：儒学历史与文化内涵
文化主体：天人合一的思想内涵
处世之道：传统儒家的修行法宝
上善若水：道教历史与道教文化

梨园谱系

苏沪大戏：江苏上海戏曲与艺术
钱塘戏话：浙江戏曲种类与艺术
荆楚戏台：湖北戏曲种类与艺术
潇湘梨园：湖南戏曲种类与艺术
滇黔好戏：云南贵州戏曲与艺术
八桂梨园：广西戏曲种类与艺术
闽台戏苑：福建戏曲种类与艺术
粤琼戏话：广东戏曲种类与艺术
赣江好戏：江西戏曲种类与艺术

传统美德

君子之为：修身齐家治国平天下
刚健有为：自强不息与勇毅力行
仁爱孝悌：传统美德的集中体现
谦和礼让：为人处世的美好情操
诚信知报：质朴道德的重要表现
精忠报国：民族精神的巨大力量
克己奉公：强烈使命感和责任感
见利思义：崇高人格的光辉写照
勤俭廉政：民族的共同价值取向
笃实宽厚：宽厚品德的生活体现

历史长河

兵器阵法：历代军事与兵器阵法
战事演义：历代战争与著名战役
货币历程：历代货币与钱币形式
金融形态：历代金融与货币流通
交通巡礼：历代交通与水陆运输
商贸纵观：历代商业与市场经济
印纺工业：历代纺织与印染工艺
古老行业：三百六十行由来发展
养殖史话：古代畜牧与古代渔业
种植细说：古代栽培与古代园艺

强健之源

中国功夫：中华武术历史与文化
南拳北腿：武术种类与文化内涵
少林传奇：少林功夫历史与文化